高等职业院校互联网+新形态创新系列教材·计算机系列

Web 前端开发技术——
HTML 5+CSS 3 项目化教程
(微课版)

王 黎 齐 洋 段晓亮 主 编

吕殿基 袁 礼 刘 颖 张有宽 副主编

清华大学出版社
北京

内　容　简　介

前端开发作为一门与时俱进的技术，对于构建高质量、用户体验友好的网站和应用程序起着至关重要的作用。本书是一本全面而深入的前端开发教程，通过一系列精心设计的项目，带领读者从入门到精通Web 前端开发技术。

本书共包含 6 个项目和 1 个知识延伸内容。项目 1 介绍了前端开发的历史背景、在现代网页和应用程序开发中的重要性，以及前端开发的基础知识和工具。项目 2 介绍了如何使用 HTML 创建结构良好的网页，包括基本标签、属性和其他 HTML 元素的用法，这些都是构建任何网页或应用程序的基础。项目 3 介绍了 CSS 基础知识，帮助读者学习如何为网页添加样式。项目 4 介绍了 CSS 的高级应用技巧和方法。项目 5 介绍了如何利用 CSS 3 新特性进一步提升网页设计的效率。项目 6 介绍了如何利用前面所学的知识来开发可以适应各种移动设备的网页和应用。在扩展部分里，除了基础和进阶内容，还提供了一些前端开发的额外知识和资源，包括但不限于优化网页性能、提高网站可访问性、解决兼容性问题等的方法，以帮助学生全面了解前端开发的各项知识技能。

本书提供了丰富的数字化学习资源，包括微课视频、动画(扫描书中二维码即可观看)，此外读者可通过扫描前言末尾左侧的二维码下载源代码、素材、习题答案等；针对教师，本书另赠教学课件、教师手册等资源。本书可作为高等院校相关专业的前端开发课程教材，也可供网站开发人员参考使用。

本书封面贴有清华大学出版社防伪标签，无标签者不得销售。
版权所有，侵权必究。举报：010-62782989，beiqinquan@tup.tsinghua.edu.cn。

图书在版编目(CIP)数据

Web 前端开发技术：HTML 5+CSS 3 项目化教程：微课版 / 王黎，齐洋，段晓亮主编. -- 北京：清华大学出版社，2024.10. -- (高等职业院校互联网+新形态创新系列教材). -- ISBN 978-7-302-67295-1

Ⅰ.TP393.092.2

中国国家版本馆 CIP 数据核字第 2024CT1891 号

责任编辑：桑任松
封面设计：杨玉兰
责任校对：孙艺雯
责任印制：杨　艳

出版发行：清华大学出版社
网　　址：https://www.tup.com.cn, https://www.wqxuetang.com
地　　址：北京清华大学学研大厦 A 座
邮　　编：100084
社 总 机：010-83470000
邮　　购：010-62786544
投稿与读者服务：010-62776969, c-service@tup.tsinghua.edu.cn
质量反馈：010-62772015, zhiliang@tup.tsinghua.edu.cn
课件下载：https://www.tup.com.cn, 010-62791865

印 装 者：北京瑞禾彩色印刷有限公司
经　　销：全国新华书店
开　　本：185mm×260mm
印　　张：14.25
字　　数：344 千字
版　　次：2024 年 10 月第 1 版
印　　次：2024 年 10 月第 1 次印刷
定　　价：45.00 元

产品编号：104831-01

前　　言

　　HTML 和 CSS 作为前端开发的两大支柱，它们贯穿了互联网的发展史。从 Web 1.0 时代的简单网页到如今的复杂互动应用，HTML 和 CSS 一直是我们数字生活的构建积木。本书将带领读者深入探索这两项技术，提供从入门到精通 Web 前端开发技术的路径，帮助读者成为一名出色的前端开发者。

　　党的二十大报告指出，要推动战略性新兴产业融合集群发展，构建人工智能等一批新的增长引擎，加快发展数字经济，促进数字经济和实体经济深度融合。人工智能已经彻底改变了我们的生活方式和商业模式。无论是获取信息、交流、娱乐，还是购物、工作，人工智能都扮演了至关重要的角色。而 HTML 和 CSS 作为构建网页的基础，使我们能够在浏览器上访问各种各样的内容，从简单的文本、图片到复杂的应用程序。本书的目标是帮助读者理解和掌握这两项技术，以设计出令人印象深刻的网页和应用。

一、本书特点

　　我们精心设计了本书的大纲，其范围涵盖 HTML 和 CSS 的基础知识和高级应用，通过本书的学习，读者可逐步掌握从构建最简单的网页到构建响应式网站、过渡效果和移动应用所需的技能。全书依据网站开发的流程，同时考虑读者学习新技能的规律，共分为 6 个项目。每个项目都包含清晰的知识点框架图、项目内容分析、任务分解、实战记录活页手册、学生活动手册(包括实操训练和理论知识测试)、思政引领等内容，以确保读者可以轻松地理解和应用所学知识。每个项目在最后还设计了学习笔记模块，方便读者对所学知识进行总结。通过对本书的学习，读者可以独立完成 PC 端和移动端的网站前端开发。

　　在学习本书的过程中，编者鼓励读者积极地动手实践，通过亲自编写代码、创建网页和解决问题，来更好地理解 HTML 和 CSS 的核心。无论您是学生还是职业开发者，本书都将成为您的得力助手。我们深信，无论是在前端开发旅程刚刚开始，还是希望进一步提高技能水平，本书都将为读者提供丰富的经验和深刻见解。我们希望读者能被这个技术领域的无限可能性所吸引，不断学习和成长，成为一名优秀的开发者。

二、内容安排

　　本书共包含 6 个项目和 1 个知识延伸内容。

　　项目 1　初识前端开发。包括其历史背景，以及它在现代网页和应用程序开发中的重要性。同时，读者可以了解到前端开发与后端开发的不同，以及作为一名前端开发者需要掌握的基础知识和工具。

　　项目 2　网页框架 HTML。HTML 是前端开发的基石，在本项目中将学习如何使用 HTML 创建结构良好的网页，包括基本标签、属性和其他 HTML 元素的用法，这些都是构建任何网页或应用程序的基础。

　　项目 3　网页样式 CSS。一个好的网站不仅需要有良好的结构，还需要有吸引人的设计。通过对 CSS(层叠样式表)基础知识的学习，将了解如何为网页添加样式，包括字体、颜色、布局等。

项目 4 网页样式 CSS 进阶。在掌握了 CSS 基础知识之后，通过本项目的训练，读者将深入了解更多高级的 CSS 应用技巧和方法，如 CSS 盒模型应用、清除浏览器默认样式、定位技巧和登录页面布局，运用这些技巧可以创建动态的、能适应不同设备和屏幕尺寸的网页。

项目 5 CSS 3 高级应用。CSS 3 作为 CSS 的最新版本，提供了许多先进的样式选项和特效。本项目介绍了更多的网页布局方式，并重点介绍了市面上流行的弹性盒子布局和网格布局，以及网页过渡和动画效果。在这个项目中，读者将学习如何利用这些新特性来进一步提升网页设计效果。

项目 6 移动端网页开发。随着移动设备的普及，移动端网页开发的重要性日益增加。本项目介绍了如何利用前面所学的知识来开发适应各种移动设备的网页和应用。

扩展 前端开发知识延伸。这部分提供一些关于前端开发的额外知识，包括但不限于网页性能优化、网站可访问性的提高、兼容性问题的解决等，以帮助读者全面了解前端开发的各个方面。

本书由北京经济管理职业学院王黎、齐洋、段晓亮担任主编，由北京经济管理职业学院吕殿基、袁礼、刘颖及东誉(北京)国际电子商务技术有限公司张有宽担任副主编。由于编者水平有限，虽然对本书内容设计与结构安排进行了反复斟酌和修正，但仍难免存在不妥之处，敬请各位专家和广大读者批评、指正。

最后，感谢您选择了这本书。我们相信，您的决定将为您的职业和个人生活带来积极的改变。祝愿您在学习 HTML 和 CSS 的过程中取得巨大成功！

编　者

读者资源下载

教师资源服务

目 录

项目1 初识前端开发 1

任务1.1 安装配置前端开发环境 2
- 1.1.1 Web基础 3
- 1.1.2 Web标准 4
- 1.1.3 主流浏览器 5
- 1.1.4 前端开发工具 8
- 【实战记录活页手册】 9
- 【学生活动手册】 15

任务1.2 利用VSCode快速建立"我的第一个网页" 16
- 1.2.1 认识网页 17
- 1.2.2 规划网站目录 17
- 【实战记录活页手册】 18
- 【学生活动手册】 22

思政引领 23

项目2 网页框架HTML 25

任务2.1 使用HTML搭建导航栏及banner结构 27
- 2.1.1 HTML简介 27
- 2.1.2 HTML发展历史 28
- 2.1.3 HTML文档结构 28
- 2.1.4 HTML语法 30
- 2.1.5 标题标签 32
- 2.1.6 段落标签 32
- 2.1.7 图像标签 33
- 2.1.8 超链接标签 35
- 2.1.9 <div>和<span>标签 36
- 【实战记录活页手册】 36
- 【学生活动手册】 39
- 【学生活动手册】 40

任务2.2 网页进阶标签的使用 41
- 2.2.1 文本格式化标签 42
- 2.2.2 列表标签 44
- 2.2.3 音频标签 45
- 2.2.4 视频标签 46
- 【实战记录活页手册】 47

　　　　【学生活动手册】......53
　　任务 2.3　了解 HTML 表格......54
　　　　2.3.1　表格的作用......55
　　　　2.3.2　表格标签......55
　　　　【实战记录活页手册】......57
　　　　【学生活动手册】......58
　　思政引领......59

项目 3　网页样式 CSS......61

　　任务 3.1　认识 CSS......63
　　　　3.1.1　CSS 简介......63
　　　　3.1.2　CSS 发展历史......64
　　　　3.1.3　CSS 的使用方式......64
　　　　3.1.4　CSS 基本语法......65
　　　　【实战记录活页手册】......68
　　　　【学生活动手册】......69
　　任务 3.2　修改网页文字样式......70
　　　　3.2.1　文字大小......70
　　　　3.2.2　文字加粗......71
　　　　3.2.3　文字样式......72
　　　　3.2.4　行高......73
　　　　【实战记录活页手册】......73
　　　　【学生活动手册】......76
　　任务 3.3　改变网页文本样式......78
　　　　3.3.1　文本颜色......78
　　　　3.3.2　文本对齐......79
　　　　3.3.3　文本修饰......80
　　　　3.3.4　文本缩进......80
　　　　3.3.5　CSS 3 新增文本属性......81
　　　　【实战记录活页手册】......85
　　　　【学生活动手册】......89
　　思政引领......90

项目 4　网页样式 CSS 进阶......93

　　任务 4.1　CSS 盒模型应用......95
　　　　4.1.1　认识盒模型......95
　　　　4.1.2　宽度属性和高度属性......97
　　　　4.1.3　边框属性......98
　　　　4.1.4　圆角属性......100
　　　　4.1.5　内边距......100

    4.1.6 外边距 101
    4.1.7 背景 102
    【实战记录活页手册】 107
    【学生活动手册】 115
  任务 4.2 清除浏览器默认样式 116
    4.2.1 浏览器常见默认样式 116
    4.2.2 清除浏览器默认样式的方法 117
    4.2.3 reset.css 和 normalize.css 的区别 118
    【实战记录活页手册】 118
    【学生活动手册】 119
  任务 4.3 定位技巧 120
    4.3.1 元素的定位属性 120
    4.3.2 相对定位 122
    4.3.3 绝对定位 123
    4.3.4 固定定位 124
    4.3.5 粘性定位 125
    【实战记录活页手册】 127
    【学生活动手册】 128
  任务 4.4 登录页面布局 130
    4.4.1 表单的作用 130
    4.4.2 创建表单 131
    4.4.3 <input>标签 131
    4.4.4 <input>标签的不同类型 133
    4.4.5 下拉框 135
    4.4.6 文本域 136
    4.4.7 按钮 137
    4.4.8 伪类 137
    【实战记录活页手册】 140
    【学生活动手册】 144
  思政引领 145
项目 5 CSS 3 高级应用 147
  任务 5.1 网页布局 149
    5.1.1 常见的网页布局 150
    5.1.2 弹性盒子布局 151
    5.1.3 网格布局 158
    【实战记录活页手册】 162
    【学生活动手册】 170
  任务 5.2 网页过渡和动画效果 172
    5.2.1 过渡属性 173

5.2.2　转换属性 174
　　　5.2.3　动画属性 177
　　【实战记录活页手册】......180
　　【学生活动手册】......180
　思政引领 182

项目6　移动端网页开发 185
　任务6.1　移动端布局 186
　　　6.1.1　移动端适配 187
　　　6.1.2　视口 187
　　　6.1.3　viewport方案 188
　　【实战记录活页手册】......188
　　【学生活动手册】......189
　任务6.2　移动端网站开发 190
　　　6.2.1　设备仿真模式 190
　　　6.2.2　进入设备仿真模式 191
　　【实战记录活页手册】......192
　　【学生活动手册】......206
　思政引领 208

扩展　前端开发知识延伸 211
　知识点1　Web网页优化的基本原则 212
　知识点2　样式合并与压缩 213
　知识点3　兼容性解决方案 214
　知识点4　高效的开发设计协作平台 215

项目 1
初识前端开发

项目内容

本项目包含两个任务,通过这两个任务来学习 Web 开发,了解常见浏览器及常用的开发工具,并利用 VSCode 开发一个网页。

任务 1.1 将完成 VSCode 的安装及 VSCode 插件的安装和使用。

任务 1.2 将完成第一个网页的开发。效果如图 1-1 所示。

图 1-1 完成的第一个网页开发效果

任务 1.1 安装配置前端开发环境

【涉及知识点】

本任务涉及的知识点如图 1-2 所示。

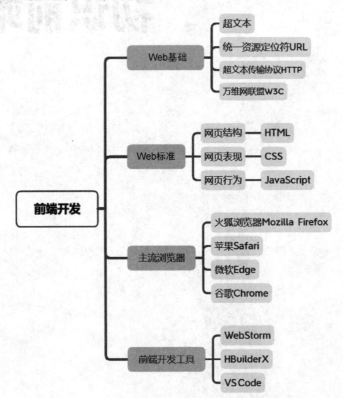

图 1-2 前端开发环境

学习目标

1. 了解前端开发所涵盖的技术领域，为后续的学习指出明晰的方向。
2. 掌握常用的前端开发工具，提升开发效率，减少代码出错。
3. 通过案例实战，体会前端开发的实际应用，巩固所学知识。

1.1.1 Web 基础

Web 的本意是蜘蛛网，在网页开发中称为网页，现广泛译作网络、互联网等。Web 有以下几种表现形式。

1. 超文本

超文本(hypertext)是用超链接，将各种不同空间的文字信息组织在一起的网状文本。它通过关键字建立链接，使信息可以通过交互的方式被检索。

2. 超媒体

超媒体(hypermedia)是一种采用非线性网状结构对多媒体信息(包括文本、图像、视频等)进行组织和管理的技术。超媒体是超文本和多媒体在信息浏览器环境下的结合，超媒体使用户不仅能从一个文本跳到另一个文本，而且可以激活一段声音，显示一个图形，甚至播放一段动画。

3. 统一资源定位符

统一资源定位符(uniform resource locator，URL)，也称为网址，WWW 上的所有文件(HTML、CSS、图片、音频、视频)都有唯一的 URL，只要知道文件的 URL，就能够对该文件进行访问。URL 可以是本地磁盘位置，也可以是局域网上某一台计算机的地址，还可以是互联网上的网站地址。例如，https://www.baidu.cn 就是百度的 URL。

4. 超文本传输协议

超文本传输协议(hypertext transfer protocol，HTTP)是在 Internet 中进行信息传送的、被浏览器默认使用的协议。它可以使浏览器更加高效，并减少网络传输的延迟。它不仅用于保证计算机正确快速地传输超文本文档，还用于确定传输文档中的哪一部分，以及哪些内容首先显示。例如，当用户在浏览器的地址栏中输入 www.biem.edu.cn 时，浏览器会自动使用 HTTP 协议来访问 http:// www.biem.edu.cn 网站的首页。

HTTP 传输的数据都是未加密的，在传输私密信息时不太安全。为了保证私密数据能够安全地传输，Netscape 公司设计了 SSL(secure sockets layer，安全套接层)协议。该协议用于对通过 HTTP 传输的数据进行加密，从而诞生了 HTTPS。

简单来说，HTTPS 是由 SSL 和 HTTP 构建的，是可用于进行加密传输、身份认证的网络协议。因此，HTTPS 比 HTTP 更安全。

5. 万维网联盟

万维网联盟(world wide web consortium，W3C)是国际上最著名的标准化组织之一。W3C 最重要的工作之一就是制定和推广 Web 规范。自 1994 年成立以来，W3C 已经发布了 200

多项影响深远的 Web 技术标准和实施指南，例如 HTML(hyper text markup language，超文本标记语言)、XML(extensible markup language，可扩展标记语言)等，这些规范有效地促进了 Web 技术的发展。

1.1.2　Web 标准

　　Web 标准是一个复杂的概念集合，它由一系列标准组成，这些标准大部分是由 W3C 起草并发布的。Web 标准使网页设计越来越趋向于整体化，网页设计要从三个方面入手：结构、表现和行为，对应的语言分别是 HTML、CSS 和 JavaScript，它们就是网页前端设计的三个基本语言。其中 HTML 负责构建网页的基本结构、CSS 负责设计网页的表现效果，JavaScript 用来控制网页的行为。

动画：前端开发技术揭秘

1．网页结构

　　结构化标准语言对网页信息起到组织和分类的作用，主要包括 XML、HTML 和 XHTML。

　　1) XML

　　XML 和 HTML 一样来源于标准通用标记语言。可扩展标记语言和标准通用标记语言都是能定义其他语言的语言。设计 XML 最初的目的是弥补 HTML 的不足，以强大的可扩展性满足网络信息发布的需要，后来逐渐用于网络数据的转换和描述。

　　2) HTML

　　HTML 是用来编写网页的一种语言，用于声明信息(如文本、图像等)的结构、格式、超链接等。目前最新版本是 HTML 5。

　　使用 HTML 可以搭建页面结构，使页面出现文本、超链接、列表等内容，如图 1-3 所示。

　　3) XHTML

　　在 HTML 4.0 的基础上，用 XML 的规则对其进行扩展，得到了 XHTML。简单地说，建立 XHTML 的目的就是实现 HTML 向 XML 的过渡。目前 XHTML 已被 HTML 5 取代。

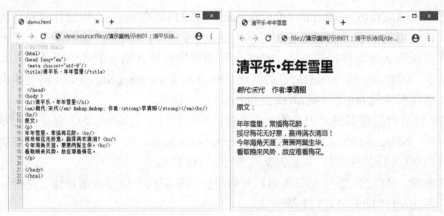

图 1-3　使用 HTML 搭建的页面效果

2．网页表现

　　表现标准语言主要是对网页信息的显示进行控制，即如何修饰网页信息的显示样式。

表现标准语言主要是 CSS(cascading style sheets，层叠样式表)。W3C 创建 CSS 标准的目的是用 CSS 取代 HTML 表格，以实现布局、框架和其他表现效果的控制。CSS 布局与结构化 HTML 相结合能够实现外观和结构的分离，使站点的访问和维护更加容易。利用 CSS 对图 1-3 进行美化，效果如图 1-4 所示。

图 1-4　CSS 修饰后的页面效果

3．网页行为

行为标准语言主要对网页信息的结构和显示进行逻辑控制，也就是动态控制网页信息的结构和显示，实现网页的智能交互。行为标准语言主要包括 DOM 和 ECMAScript 等。

1) DOM

DOM(document object model，文档对象模型)根据 W3C DOM 规范定义，它是一种与浏览器及平台无关的语言接口，使得开发者可以访问页面中其他的标准组件。简单地说，DOM 解决了 Netscape 的 JavaScript 和 Microsoft 的 JScript 之间的兼容性问题，给予 Web 设计师和开发者一个标准的方法，来访问站点中的数据、脚本和表现层对象。

2) ECMAScript

ECMAScript 是 ECMA 制定的标准脚本语言。

1.1.3　主流浏览器

浏览器是展示网页的平台，只有经过浏览器的渲染，用户才能看到图文并茂的网页。在前端开发领域，选择合适的浏览器是至关重要的。不同的浏览器在性能、兼容性和开发者工具等方面都存在差异。下面将介绍一些主流浏览器，帮助读者了解浏览器的特点以及如何在开发中充分利用这些浏览器。

1．Mozilla Firefox

Mozilla Firefox(火狐浏览器)是一款开源的浏览器，强调隐私保护和用户控制。图 1-5 所示为火狐浏览器的图标。Firefox 以其稳定性和高度可定制性受到开发者的欢迎，它还拥有优秀的开发者工具，这些工具可帮助开发人员深入分析网页性能和结构。火狐浏览器界面如图 1-6 所示。

Mozilla Firefox 具有以下特点。
◎ 强调用户隐私和数据保护，提供强大的隐私模式和跟踪保护功能。
◎ 内置开发者工具，如页面检查、控制台和性能分析。
◎ 支持 Web 扩展，允许开发者根据需求自定义浏览器功能。
◎ 鼓励开源和社区合作，推动 Web 技术的进步。

图 1-5 火狐浏览器图标

图 1-6 火狐浏览器界面

2. Safari

Safari 是苹果公司的官方浏览器，广泛应用于苹果设备。它注重性能和效率，在移动端具有显著优势。图 1-7 所示为 Safari 浏览器的图标。Safari 的开发者工具为开发人员提供了丰富的调试和分析选项，Safari 仅支持苹果公司开发的系统，包括 macOS、iOS 以及 iPadOS 等。Safari 浏览器界面如图 1-8 所示。

图 1-7 Safari 浏览器图标

图 1-8 Safari 浏览器界面

Safari 具有以下特点。
◎ 优化了性能和电池寿命，适用于苹果设备的生态系统。
◎ 提供强大的开发者工具，包括 Web 检查、调试和性能分析。
◎ 支持最新的 Web 标准和技术，为移动端开发提供优化方案。
◎ 融合了苹果生态，允许开发者在移动设备上进行原生应用和 Web 应用的集成。

3. Edge

Edge 是微软公司开发的浏览器,取代了传统的 Internet Explorer。Edge 注重性能和安全性。图 1-9 所示为 Edge 浏览器的图标。Edge 的开发者工具提供了一系列实用的功能,可帮助开发人员优化网页性能和调试问题。Edge 浏览器界面如图 1-10 所示。

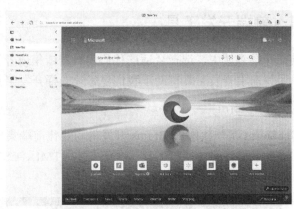

图 1-9 Edge 浏览器图标　　　　　　　　图 1-10 Edge 浏览器界面

Edge 具有以下特点。
◎ 基于 Chromium 开源项目,采用快速的渲染引擎,确保了浏览器的稳定性。
◎ 强调用户隐私和安全,提供阻止跟踪和广告的功能。
◎ 开发者工具支持元素检查、网络分析、性能评估等。

4. Chrome

Chrome 是目前全球最流行的浏览器之一,它以出色的性能、快速的页面加载速度和丰富的扩展生态系统而闻名。图 1-11 所示为 Chrome 浏览器的图标。Chrome 的开发者工具也备受赞誉,提供了强大的调试和分析功能,有助于前端开发人员在开发过程中迅速定位问题。Chrome 浏览器界面如图 1-12 所示。

图 1-11 Chrome 浏览器图标　　　　　　　图 1-12 Chrome 浏览器界面

Chrome 具有以下特点。
◎ 拥有快速的渲染引擎,提供流畅的用户体验。

◎ 提供强大的开发者工具，包括元素检查、网络分析、性能评估等。
◎ 支持最新的 Web 技术和标准，积极推动 Web 平台的发展。
◎ 提供大量的扩展和插件，可根据需要增强功能。

提示：在之后的项目中，本书将统一使用 Chrome 作为网页项目的展示浏览器。

1.1.4 前端开发工具

前端开发领域中，选择合适的代码编辑器或集成开发环境(IDE)对于提升开发效率至关重要。了解前端开发工具有助于我们更好地选择开发工具。

1. WebStorm

WebStorm 是一款由 JetBrains 开发的商业化前端集成开发环境，专为 Web 开发人员设计。它提供了丰富的功能和工具，用于支持 HTML、CSS、JavaScript 等 Web 技术的开发和调试。WebStorm 界面如图 1-13 所示。

图 1-13 WebStorm 界面

2. HBuilderX

HBuilderX 是一款由 DCloud 开发的免费开源的前端集成开发环境，专为移动应用开发和 Web 前端开发而设计。它集成了多种功能和工具，旨在提高开发效率，支持多种前端技术和框架。HBuilderX 界面如图 1-14 所示。

3. Visual Studio Code

Visual Studio Code，简称 VSCode，它是由微软开发的免费开源的代码编辑器，专为开发人员设计，广泛用于前端开发、后端开发以及各种编程任务。它支持多种编程语言，具有强大的代码编辑功能，VSCode 丰富的插件生态系统和可定制性，使其成为前端开发人员的首选工具之一。VSCode 界面如图 1-15 所示。

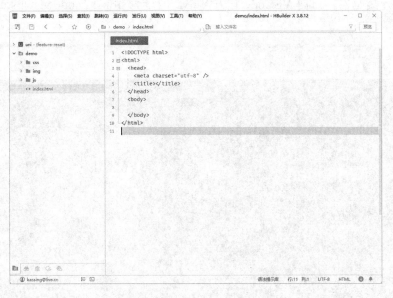

图 1-14　HBuilderX 界面

图 1-15　VSCode 界面

提示：在本书中，我们为了给读者提供最佳的前端开发体验，决定采用 VSCode 作为主要的开发工具。

【实战记录活页手册】

实战任务

完成 VSCode 的下载和安装，在自己的计算机上搭建前端开发环境。

实战内容

（1）打开浏览器，访问 VSCode 官方网站，网址为 https:// code.visualstudio.com，如图 1-16 所示。

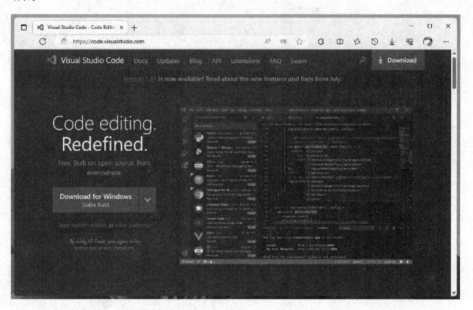

图 1-16　VSCode 官网

（2）单击图 1-16 中的 Download for Windows 按钮，如图 1-17 所示。
（3）浏览器开始下载 VSCode，如图 1-18 所示。

▲ 注意：由于 VSCode 在不断更新，因此文件名后的版本号会有所不同。

图 1-17　Download for Windows 按钮　　　　图 1-18　浏览器下载 VSCode 的过程

（4）下载完成后，在保存位置找到下载好的 VSCode 安装程序，如图 1-19 所示。
（5）在 VSCode 安装程序上右击，在弹出的快捷菜单中选择"打开"命令，如图 1-20 所示。
（6）打开如图 1-21 所示的安装对话框。
（7）选中"我同意此协议"单选按钮，然后单击"下一步"按钮，如图 1-22 所示。
（8）进入"选择目标位置"设置界面，如图 1-23 所示。可以使用默认的安装位置，也可以选择合适的安装位置进行安装，建议使用默认安装位置进行安装。选择安装位置后，单击"下一步"按钮继续安装。
（9）选中"不创建开始菜单文件夹"复选框，如图 1-24 所示，然后直接单击"下一步"按钮。

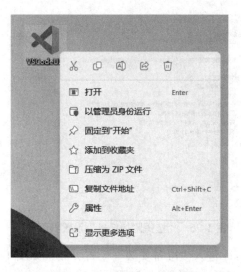

图 1-19　VSCode 安装程序　　　　　图 1-20　右键快捷菜单

图 1-21　VSCode 安装对话框　　　　图 1-22　选中"我同意此协议"单选按钮

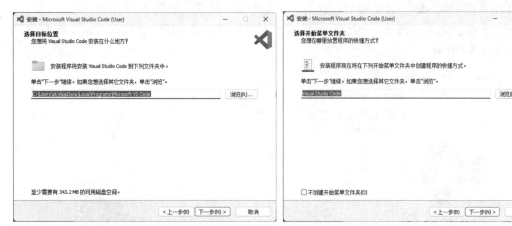

图 1-23　"选择目标位置"设置界面　　图 1-24　"选择开始菜单文件夹"设置界面

（10）进入"选择附加任务"设置界面，如图 1-25 所示。在该设置界面中，建议选中所有复选框，如图 1-26 所示，然后单击"下一步"按钮。

图 1-25 "选择附加任务"设置界面　　　　图 1-26 选中所有复选框

(11) 进入"准备安装"设置界面,如图 1-27 所示,单击"安装"按钮。安装程序开始安装 VSCode,如图 1-28 所示。

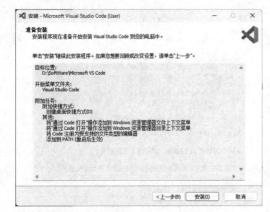

图 1-27 "准备安装"设置界面　　　　图 1-28 正在安装 VSCode

(12) 等待 VSCode 安装完成后,进入"安装完成"界面,如图 1-29 所示。

(13) 单击"完成"按钮,VSCode 的安装过程结束,在桌面上会出现 VSCode 程序图标,如图 1-30 所示。

图 1-29 安装完成　　　　图 1-30 VSCode 程序图标

(14) VSCode 程序运行界面如图 1-31 所示。

图 1-31　VSCode 程序运行界面

(15) 新安装的 VSCode 默认语言为英文，需要安装中文插件才能使用中文界面。单击 VSCode 左侧边栏中的"插件"图标，将进入插件安装界面，如图 1-32 所示。

图 1-32　插件安装界面

(16) 在左侧的输入框中输入 Chinese，将自动搜索相关插件，如图 1-33 所示。

(17) 找到"Chinese (Simplified) (简体中文) Language Pack for Visual Studio Code"插件，然后单击右侧的 Install 按钮，如图 1-34 所示。

(18) 进入安装状态，Install 按钮变成 Installing 按钮，如图 1-35 所示。

(19) 安装完成后，界面右下角将出现语言切换提示，如图 1-36 所示。

(20) 单击 Change Language and Restart 按钮，VSCode 将重新启动，VSCode 界面将变成中文界面，如图 1-37 所示。

图 1-33　搜索"简体中文"插件

图 1-34　选择插件　　　　　　　　图 1-35　插件安装中

图 1-36　语言切换提示

图 1-37 汉化后的 VSCode 界面

至此，VSCode 安装任务完成。

微课：VSCode 快捷键

【学生活动手册】

实操题

根据实操手册，完成下列插件的安装。

1. Open In Default Browser

2. Path Intellisense

3. Auto Rename Tag

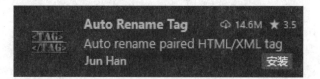

动画：VSCode 插件

单选题

1. 在前端开发中，主要关注(　　)。
   A. 服务器端处理　　B. 用户界面　　C. 数据库管理　　D. 网络安全
2. (　　)用于描述网页的结构和内容。
   A. CSS　　B. JavaScript　　C. HTML　　D. XML
3. (　　)版本被广泛使用，是前端开发中的主流 HTML 标准。
   A. HTML 2.0　　B. HTML 4.0　　C. XHTML 1.0　　D. HTML 5.0
4. 下列(　　)浏览器不是目前主流浏览器。
   A. Chrome　　B. EDGE　　C. Internet Explorer　　D. FireFox
5. JavaScript 的标准名称是(　　)。
   A. Java　　B. JScript　　C. ECMAScript　　D. ES6
6. 以下关于 Web 前端开发技术标准叙述不正确的是(　　)。
   A. 技术标准主要包括 HTML、CSS、JS 等部分技术的一些规定
   B. 技术标准是由 W3School 组织提供的
   C. 这些技术标准是在做 Web 前端开发的时候需要遵守的
   D. 技术标准的应用是一个逐步的过程
7. (　　)技术用于为网页添加交互和动态效果。
   A. HTML　　B. CSS　　C. JavaScript　　D. XML
8. (　　)版本定义了响应式设计，以适应不同设备上的网页显示。
   A. HTML 4.0　　B. XHTML 1.0　　C. CSS 2.1　　D. CSS 3.0
9. Web 前端开发中的 Web 指的是(　　)。
   A. Internet　　B. Web 客户端　　C. Web 系统　　D. Web 服务器
10. (　　)正确描述了 CSS 的作用。
    A. 控制网页元素的结构和内容　　B. 处理用户输入和交互
    C. 控制网页元素的样式和布局　　D. 处理服务器端数据传输

任务 1.2　利用 VSCode 快速建立"我的第一个网页"

【涉及知识点】

本任务涉及的知识点如图 1-38 所示。

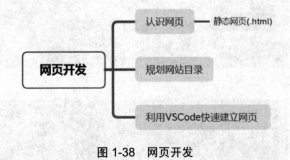

图 1-38　网页开发

学习目标

1. 了解网页内容。
2. 熟悉网站目录基本结构。

1.2.1 认识网页

网页是构成网站的基本元素，是承载各种网站应用的平台。网站就是由网页组成的，网页是一个文件，采用超文本标记语言格式(文件扩展名为.html 或.htm)，它可以存放在任何一台计算机中。网页由网址 URL 来识别和存取，再通过浏览器解释，最后显示给用户。

在网站设计中，纯 HTML 格式的网页通常被称为静态网页，可以包含文本、图像、声音、动画、客户端脚本和 ActiveX 控件及程序。静态网页是网站建设的基础，它没有后台数据库、不包含开发程序并不可交互。静态网页制作完成后，页面的内容和显示效果基本就确定了，除非修改页面代码。因此静态网页更新起来相对麻烦，它适用于更新较少的展示型网页。

在计算机中创建.html 格式的文件有两种方式，第一种方式可以先创建文本文档，然后将.txt 后缀名直接修改为.html；第二种方式可以利用 VSCode 开发工具直接创建文件，设置后缀名为.html 即可。由于目前计算机系统默认不显示文件的后缀名，所以推荐读者使用第二种方式创建.html 文件。

在.html 文件中可以编码，编码完成后，我们就可以使用任何 Web 浏览器打开它。浏览器会解释和渲染.html 文件中的内容，将网页的内容呈现出来。

1.2.2 规划网站目录

在前端开发的静态页面项目中，一个良好的项目目录结构对于代码的管理和维护至关重要。一个合理的目录结构可以帮助开发者更清晰地组织文件，减少混乱和错误，提高代码质量和开发效率。

微课：VSCode 创建项目

1. 常规项目目录结构

如图 1-39 所示是一个经典的前端静态页面项目目录结构示例。

动画：网页项目结构分析

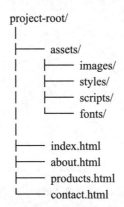

图 1-39　前端静态页面项目目录结构

2. 目录和文件的作用

- ◎ assets/：用于存放项目的各类资源，如图像、样式、脚本和字体等，以便于统一管理和维护。
- ◎ images/：用于存放网页中使用的图片文件，有助于图像的管理。
- ◎ styles/：用于存放 CSS 样式文件，实现网页的外观和布局效果。
- ◎ scripts/：用于存放 JavaScript 脚本文件，实现网页的交互和动态效果。
- ◎ fonts/：用于存放自定义字体文件，以便在网页中使用特定字体。
- ◎ index.html：项目的首页 HTML 文件，是用户访问网站时的初始页面。
- ◎ about.html："关于"页面的 HTML 文件，用于展示网站的"关于"信息或公司介绍。
- ◎ products.html："产品或服务展示"页面的 HTML 文件，用于展示项目提供的产品或服务。
- ◎ contact.html："联系"页面的 HTML 文件，为用户提供与网站进行联系的方式。

在开发前端静态页面时，良好的项目目录结构对于项目的成功开发和维护具有重要意义。通过合理划分不同类型的资源和页面，开发者能够更轻松地定位和修改所需文件，提高项目的可维护性和团队合作效率。

【实战记录活页手册】

实战任务

创建并打开自己的第一个网页，在网页上展示"这是某某某的第一个网页"，将"某某某"替换成自己的姓名。

微课：创建第一个网页

实战内容

(1) 在计算机桌面上找到 VSCode 图标，双击运行 VSCode，如图 1-40 所示。

图 1-40 VSCode 主界面

(2) 单击左侧边栏中的第一个图标，打开资源管理器，如图 1-41 所示。

图 1-41 资源管理器

(3) 移动鼠标至"打开的编辑器"选项上，其右侧将出现三个图标，单击第一个图标上，即可创建文件，如图 1-42 所示。

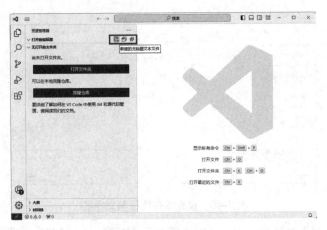

图 1-42 新建文本文件

(4) 创建文件后，单击左上角的 ≡ 按钮，在弹出的下拉菜单中选择"文件"→"保存"命令，这里也可以直接使用快捷键 Ctrl + S 快速保存文件，如图 1-43 所示。

图 1-43 保存创建的文件

(5) 打开"另存为"对话框，如图1-44所示。

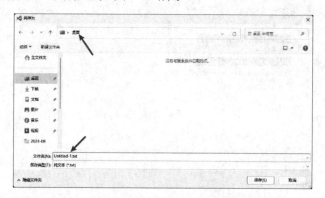

图1-44　"另存为"对话框

(6) 设置保存路径，然后设置文件名，比如设置为"我的第一个网页.html"，注意，不要忘记写".html"，如图1-45所示。

图1-45　设置保存路径和文件名

(7) 单击"保存"按钮后，VSCode中将出现对应的文件信息，如图1-46所示。

图1-46　保存后的文件

(8) 在VSCode中光标处输入"!"，这里的叹号是在英文输入法下输入的半角叹号，将出现对应的提示，如图1-47所示。

图 1-47 输入"!"出现提示

（9）按 Enter 键，将自动生成默认的 HTML 网页结构，在后续任务中我们会讲解这个结构用法，如图 1-48 所示。

图 1-48 生成 HTML 基本结构

（10）在第 9 行<body>标签中输入网页的内容"这是某某某的第一个网页"，这里的"某某某"可以替换成自己的名字，如图 1-49 所示。

图 1-49 输入网页内容

（11）单击 VSCode 左上角的≡按钮，在弹出的下拉菜单中选择"文件"→"保存"命令，也可以直接使用快捷键 Ctrl＋S 快速保存文件，如图 1-50 所示。

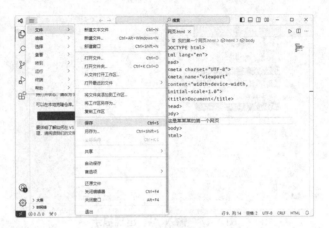

图 1-50　保存文件

(12) 保存文件后，在文件内容区域右击，在弹出的快捷菜单中选择"在浏览器中打开"命令，如图 1-51 所示。

图 1-51　选择"在浏览器中打开"命令

(13) 打开网页后，就能在网页中看到我们输入的内容，如图 1-52 所示。

图 1-52　网页中展示的内容

【学生活动手册】

实操题

使用 VSCode 在第一个网页中展示一首古诗(题目自选)。

要求：

(1) 排版准确。

(2) 观察在网页中的排版是否合理。

微课：古诗排版

选择题

1. (　　)文件格式用于标识使用 HTML 编写的网页文件。
   A. .css   B. .js   C. .html   D. .txt
2. HTML 主要用于创建(　　)。
   A. 网页的安全性   B. 网页的外观
   C. 网页的结构和内容   D. 网页的音频
3. 创建.html 格式的文件，不可以通过(　　)方式进行。
   A. 创建文本文档，修改后缀名
   B. 使用开发工具创建，设置后缀名
   C. 使用图片编辑工具创建，导出为.html
   D. 复制已有文件，更改后缀
4. 计算机系统默认情况下是否显示文件后缀名？(　　)
   A. 是   B. 否
   C. 取决于文件类型   D. 取决于文件大小
5. 在前端静态页面项目中，(　　)文件夹用于统一管理各类资源，如图像、样式和脚本。
   A. images   B. styles   C. assets   D. scripts
6. 存放自定义字体文件的文件夹通常叫作(　　)。
   A. fonts   B. resources   C. files   D. custom
7. 用于展示网站的"关于"信息或公司介绍的 HTML 文件通常命名为(　　)。
   A. index.html   B. about.html   C. products.html   D. contact.html
8. 合理的项目目录结构对于(　　)具有重要意义。
   A. 代码运行效率   B. 项目展示效果
   C. 代码可维护性和开发效率   D. 网页访问速度

思 政 引 领

主题：科技与社会主义现代化

在 21 世纪，科技发展速度之快前所未有，这其中尤以信息技术为最。前端开发，作为信息技术的一个子领域，与我们的日常生活息息相关，涉及网站、应用等多个方面。正是这些技术为社会主义现代化建设提供了强有力的支持。

在国内，互联网不仅仅是一个技术产品，更是推动社会主义现代化、实现中华民族伟大复兴的重要工具。因此，作为未来的前端开发者，我们不仅要掌握专业技术，更要明确自己的社会责任，用技术为社会主义现代化建设贡献自己的力量。

讨论或思考题

(1) 为什么说信息技术是社会主义现代化建设中不可或缺的部分？
(2) 作为一名即将进入这个行业的学生，你觉得自己有哪些社会责任？
(3) 在前端开发中，有哪些方式可以更好地服务社会、符合社会主义核心价值观？

学 习 笔 记

项目 1 初识前端开发				
学号		姓名		班级
重要知识点记录				
任务 1			自评	
任务 2			自评	
实战总结(结果分析)				
任务 1				
任务 2				
在本次项目训练中遇到的问题				
本次项目训练评分				
知识点掌握(20%)	实战完成情况及总结(30%)	活动实施(30%)	解决问题情况(10%)	自评(10%)	综合成绩

项目 2
网页框架 HTML

项目内容

本项目涉及三个任务,通过这三个任务学习 HTML 中常用的标签类型,然后基于标签类型完成三个开发案例。

任务 2.1 将完成一个电商网站首页的导航栏以及 banner 区域的 HTML 结构搭建,其效果如图 2-1 所示。

任务 2.2 将完成一个电商网站首页的精选分类、热门商品、热门资讯、服务链接及版权信息模块的 HTML 结构搭建。部分效果如图 2-2 所示。

图 2-1 导航栏和 banner 区域的结构搭建效果　　图 2-2 精选分类、热门商品等部分的结构搭建效果

任务 2.3 将完成商品数据在表格中展示的效果,完成其 HTML 结构搭建,其效果如图 2-3 所示。

图 2-3 商品数据表格的结构搭建效果

任务 2.1　使用 HTML 搭建导航栏及 banner 结构

【涉及知识点】

本任务涉及的知识点如图 2-4 所示。

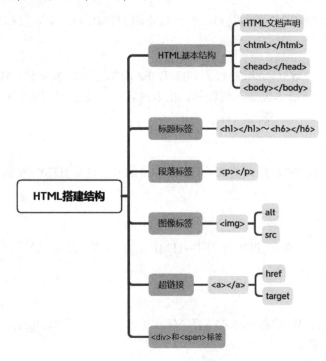

图 2-4　HTML 搭建结构

学习目标

1. 掌握 HTML 标签的基本概念。
2. 了解 HTML 文档的基本结构。
3. 熟悉标题标签的使用方法。
4. 能够正确地使用段落标签将文本内容分组成段落。
5. 理解超链接标签的作用。

2.1.1　HTML 简介

　　HTML(hypertext markup language，超文本标记语言)是一种标准化的语言，用于描述网页结构、内容和样式，并与其他技术一起用于创建网页。HTML 可以被视为网页的基础，因为它定义了网页的结构和内容。

　　HTML 使用一组称为标签(tags)的特殊代码，这些标签描述了网页各个部分的含义和外观。例如，HTML 标签能够告诉浏览器如何呈现文本、图像、链接和表格。浏览器解释 HTML 标签，并根据标签定义的规则在屏幕上呈现网页内容。

2.1.2 HTML 发展历史

在 HTML 的发展中,大致经历了如下阶段。

1. HTML 2.0

1995 年 11 月,HTML 2.0 版本发布,但该版本因 HTML 4.01 版本发布后被废弃。

2. HTML 3.2

1996 年 1 月 14 日,W3C 组织发布了 HTML 3.2 版本,该版本是 HTML 文档第一个被广泛使用的标准。由于该版本发布年代较早,很多内容都已经过时,因此在 2018 年 3 月 15 日被取消作为标准。

3. HTML 4.0

1997 年 12 月 18 日,W3C 组织发布了 HTML 4.0 版本,这是 HTML 文档另一个重要的、广泛使用的标准。

4. HTML 4.01

1999 年 12 月 24 日,W3C 组织发布了 HTML 4.01 版本,这也是另一个被广泛使用的标准。

5. XHTML 1.0

2000 年 1 月 26 日,W3C 组织推荐 XHTML 1.0 成为新的 HTML 标准。后来经过修订,于 2002 年 8 月重新发布。

6. XHTML 1.1

这是 XHTML 最后的独立标准,2.0 版本止于草案阶段。XHTML 5 则是属于 HTML 5 标准的一部分,且名称已改为"以 XML 序列化的 HTML 5",而非"可扩展的 HTML"。

7. HTML 5

HTML 5 技术结合了 HTML 4.01 的相关标准并进行了革新,符合现代网络的发展要求,在 2008 年正式发布。

提示:目前,前端开发使用的是 HTML 5 标准,本书中将会以 HTML 5 标准作为学习的版本。

2.1.3 HTML 文档结构

在前端开发中,理解 HTML 文档的结构是构建优质网页的基础。HTML 是用于描述网页结构的标签语言,它由一系列的元素和标签组成。下面我们来深入学习 HTML 文档的结构,以便能够创建清晰、有序的网页内容。

微课:什么是 HTML 标签

1. HTML 文档的基本结构

HTML 文档由以下几个关键部分组成。

1) 文档类型声明

文档类型声明(document type declaration)位于 HTML 文档的顶部，用于指示页面使用的 HTML 版本。它通常以 <!DOCTYPE>开始，后面跟随具体的文档类型声明，例如：

```
<!DOCTYPE html>
```

这段代码表示 HTML 文件将使用 HTML 5 标准，但<!DOCTYPE html>不是 HTML 标签。

2) <html>标签

<html>标签是构建网页结构的基本元素，它用于包裹内容、创建链接、定义标题等。一个基本的<html>标签结构如下。

```
<html>
  <head>
    <!-- 在<head>标签中定义页面元数据和链接外部资源 -->
  </head>
  <body>
    <!-- 在<body>标签中编写可见内容，如文本、图像和链接 -->
  </body>
</html>
```

3) <head>标签

<head>标签元素包含了页面的元数据和外部资源链接，如样式表、脚本、字符集声明等。常见的元数据包括页面标题、关键字、描述等。

```
<head>
  <meta charset="UTF-8">
  <title>页面标题</title>
  <!-- 其他元数据和外部资源链接 -->
</head>
```

4) <meta>标签

<meta>标签位于文档的头部，不包含任何内容。主要用来提供页面的元信息，如页面使用的字符集、针对搜索引擎和更新频度的描述和关键字。<meta charset="utf-8">定义了文档的字符编码是 utf-8。

5) <title>标签

<title>标签定义文档的标题，标题内容通常会显示在浏览器窗口的标题栏或状态栏上。它是<head>标签中唯一必须包含的元素。

6) <body>标签

<body>标签是网页上实际显示内容的容器。在其中，可以添加段落、标题、图像、链接等元素，用来构建页面的可见部分。

```
<body>
  <h1>欢迎来到我的网站！</h1>
  <p>这是一个示例页面，用于演示 HTML 文档的基本结构。</p>
  <img src="image.jpg" alt="示例图像">
```

```
<a href="https://www.example.com">访问示例链接</a>
</body>
```

7) 标签和元素的区别

在 HTML 文档中，标签用于标记元素的开始和结束，而元素是由标签以及其包裹的内容组成。例如，在上面的代码片段中，<h1> 是一个标签，而"欢迎来到我的网站！"则是该标签所包裹的内容，标签和内容共同构成了一个标题元素。

2．HTML 标签的嵌套和缩进

在构建 HTML 文档时，正确的标签嵌套和缩进非常重要。嵌套是指标签的层次结构，一个标签可以包含其他标签，形成父子关系。缩进是为了使代码更易读，通常使用空格或制表符来缩进标签。

```
<!DOCTYPE html>
<html>
<head>
  <meta charset="UTF-8">
  <title>页面标题</title>
</head>
<body>
  <h1>欢迎来到我的网站！</h1>
  <p>这是一个示例页面，用于演示 HTML 文档的基本结构。</p>
</body>
</html>
```

2.1.4 HTML 语法

掌握 HTML 语法是成为优秀前端开发者的关键一步。HTML 语法规则定义了如何构建网页结构和内容。

动画：HTML 基础语法

1．标签类型

HTML 标签可以分为两种类型：单标签和双标签。

1) 单标签

单标签只包含一个开始标签，也称为空标签。例如：

```
<标签名称>
```

2) 双标签

双标签包含一个开始标签和一个结束标签，结束标签比开始标签多一个"/"符号。例如：

```
<标签名称>内容</标签名称>
```

虽然 HTML 标签不区分大小写，但是建议所有标签都使用小写。

2．标签内容

HTML 标签中，标签内容是指标签中间的内容。这些内容可以包括文本、媒体、链接以及其他嵌套的标签，它们共同构成了网页的内容和基本结构。例如：

```
<标签名称>标签内容</标签名称>
```

3. 标签属性

HTML 标签属性是为元素提供额外信息或配置的关键。每个属性都具有特定的语法和用法。

1) 属性基本结构

HTML 属性通常位于标签的开始标签中，使用键值对的形式表示。键和值之间使用等号连接，值用引号括起来。例如：

```
<标签 属性名="属性值">内容</标签>
```

2) 多个属性

一个元素可以拥有多个属性，多个属性之间使用空格分隔。例如：

```
<标签 href="https://www.example.com" target="_blank">访问示例链接</标签>
<标签 src="image.jpg" alt="图像" width="200" height="150">
```

3) 布尔属性

某些属性是布尔属性，它们的存在即表示属性为真。布尔属性通常不需要设置属性值。例如：

```
<标签 checked>
<标签 disabled>
```

4) 属性值

属性值可以是文本、数字、URL 等。对于包含空格或特殊字符的属性值，通常需要使用引号将其括起来。例如：

```
<标签 属性名="属性值">文本内容</标签>
<标签 href="https://www.example.com" title="访问链接">点击访问</标签>
```

4. 注释

HTML 注释是一种在 HTML 代码中添加备注或解释的方式，这些注释在浏览器中不会显示出来，但可以为开发者提供关于代码的额外信息。HTML 注释对于代码维护、协作以及开发过程中的调试都非常有用。

HTML 注释用 "<!--" 开始，用 "-->" 结束。注释可以包含任何文本内容，包括说明、建议、指导或者调试信息。例如：

```
<!-- 这是一个 HTML 注释，不会在浏览器中显示 -->
```

HTML 注释具有以下几个重要作用。

(1) 代码解释：注释可以帮助开发者理解代码的意图和功能。通过添加注释，其他开发者或自己在以后阅读代码时能够更快地理解代码的作用。

(2) 调试和测试：当出现问题时，开发人员可以通过注释来排除或定位问题所在。暂时禁用一段代码并添加注释，这样可以帮助确认是否是这部分代码导致了错误。

(3) 协作与沟通：在团队合作开发中，注释可以使团队成员之间更容易理解彼此的代码，促进团队之间的沟通和合作。

(4)临时性修改:如果需要在代码中进行临时的修改或实验,可以通过注释掉某些部分来实现,而无须删除原始代码。

◆ 注意:尽管 HTML 注释在浏览器中不可见,但不应将敏感信息放入注释中,因为通过查看页面源代码或使用开发者工具,注释内容仍然可以被看到。

2.1.5 标题标签

标题标签(heading tags)是在 HTML 中用于定义标题和子标题的标签,它们用于标记文本的层次结构,指示内容的重要性和层次关系。标题标签不仅有助于页面的结构化和语义化,还对搜索引擎优化和用户体验至关重要。

HTML 提供了一系列的标题标签,从<h1>~<h6>,分别表示主标题和逐渐降低的子标题。<h1>表示最高级别的标题,而<h6>则是最低级别的子标题。例如:

```
<h1>这是主标题</h1>
<h2>这是子标题</h2>
<h3>这是级别更低的子标题</h3>
<h4>四级标题</h4>
<h5>五级标题</h5>
<h6>六级标题</h6>
```

标题标签的展示效果如图 2-5 所示。

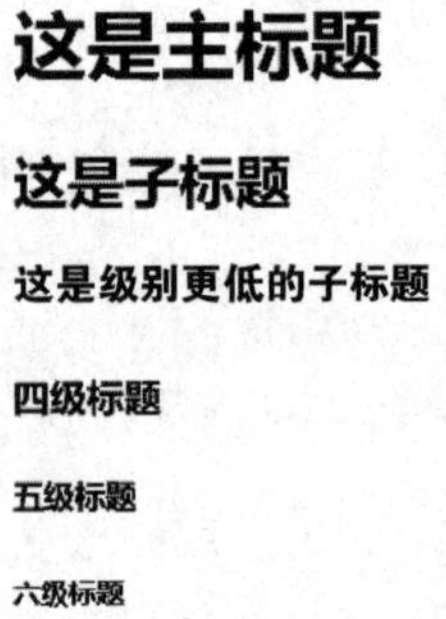

这是主标题

这是子标题

这是级别更低的子标题

四级标题

五级标题

六级标题

图 2-5　标题标签展示效果

标题标签不仅为页面内容添加了语义,还在视觉上赋予文本不同的字号大小和重要性。使用标题标签应遵循以下几个原则。

(1)结构清晰:使用标题标签时,应遵循正确的层次结构,即<h1>应用于页面的主要标题,随后的标题应逐级减小,以体现内容的层次结构。

(2)语义明确:确保标题标签的使用符合内容的语义,不要为了样式而滥用标题标签。标题应该准确地反映内容的主题和结构。

(3)避免跳跃:不要在页面中跳跃性地使用标题标签,即不要从<h1>直接跳到<h3>,这样将导致页面结构混乱,使其他人难以理解代码。

2.1.6 段落标签

段落标签(paragraph tag)即<p>标签,是 HTML 中用于定义段落的标记。它用于将一段文本内容包裹起来，将这些文本内容作为一个段落来呈现。段落标签有助于页面的结构化和语义化，使文本呈现更具可读性和组织性。

使用段落标签非常简单，只需要将组成段落的文本放在<p>标签中即可。例如：

`<p>这是一个段落。段落是一组相关的句子或内容，通常表达一个主题。</p>`

段落标签的展示效果如图 2-6 所示。

这是一个段落。段落是一组相关的句子或内容，通常表达一个主题。

图 2-6 段落标签展示效果

段落标签不仅用于将文本分组成段落，还有助于浏览器正确地解释文本的布局。浏览器会在段落之间添加一些默认的空白行，以便更好地区分不同段落的内容。

段落标签除了单独使用外，还可以与其他 HTML 标签一起使用，从而创建更丰富的页面内容。我们可以在段落中嵌套链接、图片、强调标签等，实现更多样化的文本呈现。

段落标签在构建网页内容时非常重要，它不仅有助于页面的结构化，还可以提升页面的可读性和可访问性。通过合理使用段落标签，开发者可以创造出易于阅读和理解的网页内容，使用户能够更轻松地获取信息。

2.1.7 图像标签

1. 图像标签及属性

图像标签(image tag)即<img>标签，它是 HTML 中用于插入图像(图片)的标签。它用于在网页中嵌入图片，以丰富页面内容，呈现出更具视觉吸引力的页面。

<img>标签的基本语法如下：

`<img src="image.jpg" alt="Image Description">`

其中，src 属性用于指定图像的文件路径或 URL，alt 属性用于提供图像的替代文本，以便在图像无法加载或者无障碍访问时提供描述性信息。

当使用<img>标签插入图像时，可以使用多个属性来定制图像的呈现方式和行为。下面将详细介绍<img>属性。

1) src 属性(必需)

src(source)属性用于指定图像的文件路径或 URL，它告诉浏览器从哪里加载图像。src 是<img>标签中必需的属性，例如：

`<img src="image.jpg">`

src 属性值可以是相对路径或绝对路径，其具体取决于资源在文件系统中的位置。

(1) 相对路径

相对路径(relative path)是相对于当前 HTML 文件所在位置的路径。这意味着指定资源与 HTML 文件之间的关系，而不是从根目录开始的完整路径。相对路径可以在同一网站内的不同文件之间使用，它可以增强页面的移植性和组织性。

在相对路径中，有以下一些常见的符号和关键词。

◎ ./：表示当前目录。
◎ ../：表示上一级目录。
◎ 文件名：直接指定文件名，表示当前目录中的文件。

如果 HTML 文件和图像文件在同一目录下，可以使用相对路径加载图像，例如：

```
<img src="image.jpg">
```

如果图像文件在当前目录的子目录中，可以使用相对路径加载图像，代码如下：

```
<img src="images/image.jpg">
```

(2) 绝对路径

绝对路径(absolute path)是从根目录开始的完整路径，指定了资源的具体位置。它通常是一个完整的 URL，可以是网站上的其他页面或外部资源。绝对路径适用于从不同站点或服务器加载资源，确保资源的准确性。

从外部站点加载图像的绝对路径就是一个网址，例如：

```
<img src="https://www.example.com/images/image.jpg">
```

2) alt 属性

alt(alternative)属性用于提供图像的替代文本。当图像无法加载时，或者在无障碍访问时，这段文本将显示在图像位置，提供图像的描述，代码如下：

```
<img src="image.jpg" alt="当图片无法加载时，页面访问这段内容">
```

3) width 属性

width 属性用于指定图像的显示宽度，以像素为单位。它常常用于控制图像在页面上的尺寸，代码如下：

```
<img src="image.jpg" width="300">
```

4) height 属性

height 属性用于指定图像的显示高度，以像素为单位。同样，它也可以用于控制图像在页面上的尺寸，代码如下：

```
<img src="image.jpg" height="200">
```

5) title 属性

title 属性用于提供图像的标题，在用户将鼠标悬停在图像上时会显示提示信息。这对于提供附加信息很有用，代码如下：

```
<img src="image.jpg" title="鼠标移入时会显示这段提示内容">
```

2. 常见的图像格式

在网页中使用合适的图像格式非常重要，图像文件太大，会使网页加载速度缓慢，太小则会影响图像的质量。目前网页中常用的图像格式主要有 GIF 格式、PNG 格式和 JPEG 格式 3 种。

1) GIF 格式

GIF 格式最突出的特点是支持动画，它是一种无损压缩的图像格式，即修改 GIF 格式的图像之后不会导致图像数据的损失，而且 GIF 格式支持透明图像效果，很适合在网页中使用。但 GIF 格式只能处理 256 种颜色，因此在网页制作中，GIF 格式常常用于 logo、小图标和其他色彩相对单一的图像。

2) PNG 格式

PNG 格式包括 PNG-8 格式和真色彩 PNG 格式(PNG-24 和 PNG-32)，相比 GIF 格式，PNG 格式最大的优势是图像体积更小，支持 Alpha 透明图像效果，并且颜色过渡更平滑。但 PNG 格式不支持动画，PNG-8 格式与 GIF 格式一样，只支持 256 种颜色，对于静态图像，PNG 格式可以取代 GIF 格式，真色彩 PNG 格式支持更多的颜色，也支持半透明图像效果。

3) JPEG 格式

JPEG 格式是一种有损压缩的图像格式，该格式的图像稍小，但每修改一次图像都会造成一些图像数据的丢失。JPEG 格式是专为照片设计的，网页中类似于照片的图像，如横幅、广告、商品图像、较大的插图等都可以保存为 JPEG 格式。

2.1.8 超链接标签

超链接标签(hyperlink tag)即<a>标签，它是 HTML 中用于创建超链接的标签。超链接用于将一个网页元素链接到另一个文档、页面或资源，从而实现不同页面之间的导航和信息跳转。超链接是网页中实现互联性的重要方式之一。

动画：HTML 超链接标签

超链接标签的使用非常简单，它可以包含在文本、图像或其他元素中，通过设置 href 属性指定链接的目标。一个基本的超链接标签的代码如下：

```
<a href="https://www.example.com">访问示例网站</a>
```

在以上代码中，href 属性指定了链接的目标网址，而标签内容"访问示例网站"将作为用户的可单击区域。

除了链接到外部网址，超链接还可以链接到同一网站的不同页面、文档或资源。例如：

```
<a href="about.html">关于我们</a>
<a href="products.html">我们的产品</a>
```

超链接标签的展示效果如图 2-7 所示。

<u>关于我们</u> <u>我们的产品</u>

图 2-7 超链接标签展示效果

在这个例子中，href 属性指定了同一网站内的其他页面，浏览器会根据链接的目标自动加载相应的页面。

超链接标签还可以配合以下属性实现更多的功能。

(1) target 属性：指定链接在何处打开。_blank 表示在新标签页中打开，_self 表示在当前标签页中打开。

(2) title 属性：提供额外的提示信息，当用户将鼠标悬停在链接上时显示。

(3) rel 属性：定义当前页面与链接目标之间的关系，如指示链接是一个 nofollow 链接、noopener 链接等。

超链接是网页中重要的导航和信息传递工具，它使用户能够轻松地在不同页面之间切换，访问相关资源，实现无缝信息跳转和导航体验。

2.1.9 \<div\>和\<span\>标签

\<div\>和\<span\>是 HTML 中的两个重要的容器标签，用于组织、布局页面中的元素。

1. \<div\>标签

div 是 division 的缩写，\<div\>标签是一个块级容器，它用于将一组元素包装在一起，形成一个独立的区域，其包含的元素会自动换行。\<div\>标签通常用于组织和布局网页的结构，可以用于应用样式、添加背景图像、定义边框等。它对于分割页面、构建布局以及应用 CSS 样式非常有用，例如：

```html
<div class="container">
  <h1>主标题</h1>
  <p>这是一段文本。</p>
</div>
```

\<div\>标签的展示效果如图 2-8 所示。

主标题

这是一段文本。

图 2-8　\<div\>标签展示效果

2. \<span\>标签

\<span\>标签是一个行内容器，用于将文本或其他行内元素包装在一起，以便对它们应用样式或进行操作。\<span\>标签通常用于对文本的一部分应用特殊样式，如设置颜色、字体、下画线等。它对于在文本中应用精细的样式非常有用，例如：

```html
<p>这是一段包含<span class="highlight">高亮</span>的文本。</p>
```

【实战记录活页手册】

实战任务

完成电商网站导航栏及 banner 区域的开发。

微课：商城导航栏及 banner 的开发

实战内容

(1) 创建项目目录，修改文件夹名称为"项目"，如图 2-9 所示。
(2) 在 VSCode 中打开项目，如图 2-10 所示。
(3) 在"项目"文件夹下新建文件，修改文件名称为 index.html，如图 2-11 所示。
(4) 打开 index.html 文件，在其中生成基本的 HTML 结构，如图 2-12 所示。

图 2-9 新建目录并重命名

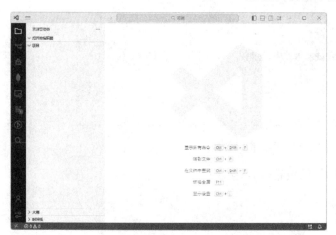

图 2-10 打开项目

图 2-11 新建 index.html 文件

(5) 在"项目"文件夹中新建 img 文件夹,然后将素材中的图片复制到 img 文件夹中,如图 2-13 所示。

图 2-12 HTML 基本结构

图 2-13 img 文件夹

(6) 在 index.html 文件中完成导航栏基本结构的编码,代码如下:

```
<div class="topbar">
  <div class="container">
    <div class="header"></div>
  </div>
</div>
```

(7) 使用<img>标签,完成商标图片的引入,代码如下:

```
<div class="topbar">
  <div class="container">
    <div class="header">
      <img width="32" height="32" src="./img/logo.png" alt="">
    </div>
  </div>
</div>
```

(8) 引入商标图片后,打开浏览器,效果如图 2-14 所示。

图 2-14　引入商标效果

(9) 完成导航栏中超链接<a>标签的设置,代码如下:

```
<div class="menu">
  <!-- 菜单 -->
  <a href="#">商店</a>
  <a href="#">集合</a>
  <a href="#">分类</a>
  <a href="#">设计师</a>
  <a href="#">关于我们</a>
  <a href="#">联系我们</a>
  <a href="#">登录</a>
</div>
```

(10) 完成导航栏的结构设置后,打开浏览器,效果如图 2-15 所示。

图 2-15　导航栏效果

(11) 进行 banner 区域网页结构的搭建，代码如下：

```html
<div class="wrapper wrap-banner">
  <div class="container">
    <div class="banner">

    </div>
  </div>
</div>
```

(12) 加入 banner 图片并设置图片宽度为 100%，代码如下：

```html
<div class="wrapper wrap-banner">
  <div class="container">
    <div class="banner">
      <img width="100%" src="./img/banner.png" alt="">
    </div>
  </div>
</div>
```

(13) 添加"下一页"按钮元素，并引入图标，代码如下：

```html
<div class="wrapper wrap-banner">
  <div class="container">
    <div class="banner">
      <img width="100%" src="./img/banner.png" alt="">
      <div class="next">
        <img src="./img/icon/arrow-right.png" alt="">
      </div>
    </div>
  </div>
</div>
```

(14) 打开浏览器，效果如图 2-16 所示。

图 2-16　banner 效果

微课：文章排版

【学生活动手册】

实操题

使用 HTML 中的标题、段落、超链接及图片标签，完成文章展示页面的搭建，所需要的文案及图片从素材包中下载。文章展示页面效果如图 2-17 所示。

图 2-17 文章展示页面效果

要求：

(1) 在文章中至少找 5 个名词，将其设置为超链接，单击跳转到对应的百度百科。
(2) 将图片的宽度设置为 200px。
(3) 标题使用一级标题，作者使用三级标题。

选择题

1. HTML 是一种用于创建网页内容的标签语言，全称是(　　)。
   A. hyperlink and text markup language
   B. hypertext markup language
   C. hyperlink text management language
   D. high-level text management language
2. (　　)标签可以用来指示页面使用的 HTML 版本。
   A. <doctype>　　　B. <version>　　　C. <!DOCTYPE>　　　D. <html-version>
3. 在 HTML 中，(　　)元素包含了页面的元数据和外部资源链接。
   A. <body>　　　B. <header>　　　C. <head>　　　D. <meta>
4. 标签和元素之间的关系是(　　)。
   A. 标签用于表示元素的开始和结束　　B. 元素用于表示标签的开始和结束
   C. 标签和元素是完全相同的概念　　　D. 标签和元素之间没有直接关系

5. HTML 中，段落文本应该使用（　　）标签来包裹。
   A. <para>　　　　B. <text>　　　　C. <p>　　　　D. <paragraph>
6. 超链接标签<a>用于（　　）。
   A. 标签标题和子标题　　　　　　B. 在网页中创建段落
   C. 定义元数据和链接外部资源　　D. 创建链接到其他页面或资源
7. （　　）属性用于指定超链接的目标网址。
   A. target　　　　B. link　　　　C. href　　　　D. url
8. 在 HTML 中，（　　）标签用于显示最高级别的标题。
   A. <main>　　　　B. <h1>　　　　C. <title>　　　　D. <heading>
9. 在 HTML 中，（　　）标签可以用来添加注释。
   A. <!-->　　　　B. <comment>　　　　C. <!comment>　　　　D. <!--　　-->
10. （　　）属性可以用在超链接上显示额外的提示信息。
    A. hint　　　　B. alt　　　　C. tooltip　　　　D. title

任务 2.2　网页进阶标签的使用

【涉及知识点】

本任务涉及的知识点如图 2-18 所示。

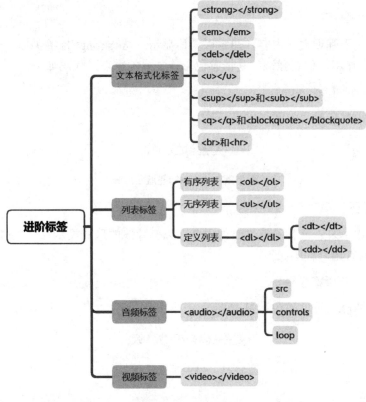

图 2-18　进阶标签

学习目标

◎ 掌握文本格式化标签的使用。
◎ 理解并应用不同类型的列表标签。

2.2.1 文本格式化标签

文本格式化标签(text formatting tags)是 HTML 中用于改变文本样式、强调和排版的标签。这些标签允许开发者在网页中应用不同的文本效果,使文本内容更具有视觉吸引力和信息层次。常用的文本格式化标签包含<strong>、<em>、<del>、<u>、<sup>、<sub>、<q>、<blockquote>、
、<hr>等。

1. <strong>标签

<strong>标签用于强调文本的重要性,通常以粗体显示。与纯粹的样式不同,<strong>标签在语义上也表示内容的重要性,例如文章中的关键信息,其代码如下:

```
<strong>这是重要的信息。</strong>
```

<strong>标签的展示效果如图 2-19 所示。

这是重要的信息。

图 2-19 <strong>标签展示效果

2. <em>标签

<em>标签用于强调文本内容,通常以斜体显示。与<strong>标签类似,<em>标签也具有语义化的强调作用,但它强调的是情感色彩或文本的重点,代码如下:

```
<em>这是强调的内容。</em>
```

<em>标签的展示效果如图 2-20 所示。

这是强调的内容。

图 2-20 <em>标签展示效果

3. <del>标签

<del>标签用于表示已删除或过时的内容,以删除线的形式显示。这在修订版本历史或更正信息时非常有用,代码如下:

```
<del>这部分内容已被删除。</del>
```

<del>标签的展示效果如图 2-21 所示。

~~这部分内容已被删除。~~

图 2-21 <del>标签展示效果

4. <u>标签

<u>标签用于在文本下方添加下画线,用于标记重要信息或特殊术语。需要注意,在大

多数情况下,链接应使用<a>标签而不是<u>标签,代码如下:

```
<u>下划线文本</u>
```

<u>标签的展示效果如图 2-22 所示。

<u>下划线文本</u>

图 2-22　<u>标签展示效果

5. <sup>标签

<sup>标签可以将文本设置为上标,通常用于数学公式中的指数、脚注等,代码如下:

```
x<sup>2</sup>
```

<sup>标签的展示效果如图 2-23 所示。

6. <sub>标签

<sub>标签可以将文本设置为下标,通常用于化学方程式中的化学符号、数字等,代码如下:

```
H<sub>2</sub>O
```

<sub>标签的展示效果如图 2-24 所示。

x^2　　　　　　　　　　　　　　H_2O

图 2-23　<sup>标签展示效果　　　　图 2-24　<sub>标签展示效果

7. <q>标签

<q>标签用于表示短引用,文本内容会自动加上引号,代码如下:

```
<q>这是一个短引用。</q>
```

<q>标签的展示效果如图 2-25 所示。

"这是一个短引用。"

图 2-25　<q>标签展示效果

8. <blockquote>标签

<blockquote>标签用于表示长引用块,通常会在文本前后添加缩进,用于引用他人的大段内容,代码如下:

```
<blockquote>
    这是一个长引用块,可以跨越多行。
    在文本前后会有额外的缩进。
</blockquote>
```

<blockquote>标签的展示效果如图 2-26 所示。

这是一个长引用块,可以跨越多行。 在文本前后会有额外的缩进。

图 2-26　<blockquote>标签展示效果

9.
标签

标签用于插入换行，使文本在当前行断开并换到下一行，代码如下：

```
第一行<br>第二行
```


标签的展示效果如图 2-27 所示。

第一行
第二行

图 2-27　
标签展示效果

10. <hr>标签

<hr>标签可以插入水平分隔线，用于在内容之间创建视觉分隔，代码如下：

```
<p>这是一段文本。</p>
<hr>
<p>这是另一段文本。</p>
```

<hr>标签的展示效果如图 2-28 所示。

这是一段文本。
————————
这是另一段文本。

图 2-28　<hr>标签展示效果

动画：HTML
列表标签

2.2.2　列表标签

列表标签用于在 HTML 中创建不同类型的列表，如有序列表、无序列表和定义列表等。这些列表有助于组织和呈现内容，使其更易于阅读和理解。

1. 有序列表

有序列表(ordered list)使用<ol>标签创建，其中的列表项使用<li>标签表示。有序列表会自动为列表项添加数字、字母或其他序号，例如：

```
<ol>
    <li>项目一</li>
    <li>项目二</li>
    <li>项目三</li>
</ol>
```

有序列表的展示效果如图 2-29 所示。

1. 项目一
2. 项目二
3. 项目三

图 2-29　有序列表展示效果

2. 无序列表

无序列表(unordered list)使用<ul>标签创建，其中的列表项同样使用<li>标签表示。无序列表会自动为列表项添加符号(通常是圆点)，例如：

```
<ul>
    <li>项目一</li>
    <li>项目二</li>
    <li>项目三</li>
</ul>
```

无序列表的展示效果如图 2-30 所示。

- 项目一
- 项目二
- 项目三

图 2-30 无序列表展示效果

3. 定义列表

定义列表(definition list)使用<dl>标签创建，其中的每个术语使用<dt>标签表示，而其定义使用<dd>标签表示。定义列表用于呈现术语及其对应的定义，示例代码如下：

```
<dl>
    <dt>HTML</dt>
    <dd>超文本标签语言，用于创建网页结构。</dd>
    <dt>CSS</dt>
    <dd>层叠样式表，用于定义网页的样式和外观。</dd>
</dl>
```

定义列表的展示效果如图 2-31 所示。

HTML
　　超文本标签语言，用于创建网页结构。
CSS
　　层叠样式表，用于定义网页的样式和外观。

图 2-31 定义列表展示效果

这些列表标签可以互相嵌套，从而创建更复杂的列表结构。可以在有序列表中嵌套无序列表，或在无序列表中嵌套定义列表，以适应不同的信息组织需求。

2.2.3 音频标签

HTML 5 音频标签<audio>具有强大的功能，用于在网页中嵌入音频内容。它为开发者提供了多媒体功能，使其能够在网页上播放音乐、语音以及其他音频资源。使用<audio>标签，可以为用户提供更丰富的多媒体体验，而无须依赖第三方插件或工具。

以下是一个简单的使用<audio>标签的示例，演示了如何嵌入和控制音频内容，代码

微课：音频及视频标签

如下:

```
<audio src="音频文件地址" controls></audio>
```

完成后的效果如图 2-32 所示。

图 2-32　音频标签展示效果

在以上示例中,可能看出<audio>标签具有以下特征。
src 属性指定了要播放的音频文件的路径。
controls 属性启用了默认的音频控制面板,包括播放、暂停、音量控制和时间进度条。
<audio>标签支持一系列属性,这些属性用于配置音频的行为和外观。

(1) src：指定要播放的音频文件的路径,和<img>标签的 src 属性用法相同。

(2) controls：启用默认的音频控制面板。添加该属性后,可以在音频播放器中显示播放器控件。

(3) autoplay：添加该属性后,音频文件会自动播放,而不是等待单击"播放"按钮才播放。

(4) loop：可以让音频结束播放后能继续循环播放。

(5) volume：设置播放的音量,可取值为 0~1。

2.2.4　视频标签

HTML 5 引入了 <video> 标签,允许在网页中嵌入视频内容,而不须再依赖于第三方插件(如 Flash)。

<video>标签的使用非常简单,只需指定视频的源文件路径即可,例如:

```
<video src="video.mp4" controls></video>
```

视频标签的展示效果如图 2-33 所示。

图 2-33　视频标签展示效果

1. <video>标签属性

<video>标签支持一系列属性，用于配置视频的行为和外观。以下是< video >常见的属性。

1) controls

添加此属性将显示播放控制面板。

2) autoplay

添加此属性，视频加载完毕后将自动播放。

3) loop

添加此属性可以循环播放视频。

4) preload

添加此属性可以预加载视频数据。

2. <source>视频源

不管是音频还是视频都可以使用<source>标签，来展示不同格式的源，其使用方法如下：

```
<video controls>
  <source src="video.mp4" type="video/mp4">
  <source src="video.webm" type="video/webm">
  <source src="video.ogv" type="video/ogg">
  您的浏览器不支持<video>标签。
</video>
```

这样操作，浏览器会从上到下找到适合自己的格式进行播放，如果所有格式都不支持，则浏览器会展示对应的文字内容。

【实战记录活页手册】

微课：商城商品、资讯及服务模块的搭建

实战任务

完成电商网站剩余结构的布局开发。

实战内容

(1) 在 index.html 中添加精选分类模块的基本结构，代码如下：

```
<div class="wrapper wrap-category">
  <div class="container">
    <div class="header-title">

    </div>
    <ul class="category-body">

    </ul>
  </div>
</div>
```

(2) 在类名为 header-title 的<div>中添加标题及"查看详情"链接，代码如下：

```
<div class="header-title">
```

```html
    <h1>精选分类</h1>
    <a href="#">查看详情</a>
</div>
```

(3) 在类名为 category-body 的<div>中添加分类,先添加一个分类查看效果,代码如下:

```html
<ul class="category-body">
  <li class="category-item">
    <img width="52" height="52" src="./img/category/c1.png" alt="">
    <h3>电子产品</h3>
    <p>8,900 个产品</p>
  </li>
</ul>
```

(4) 打开浏览器,效果如图 2-34 所示。

图 2-34　精选分类模块效果

(5) 继续完成剩余分类的添加,代码如下:

```html
<ul class="category-body">
  <li class="category-item">
    <img width="52" height="52" src="./img/category/c1.png" alt="">
    <h3>电子产品</h3>
    <p>8,900 个产品</p>
  </li>
  <li class="category-item">
    <img width="52" height="52" src="./img/category/c2.png" alt="">
    <h3>时尚单品</h3>
    <p>18,200 个产品</p>
  </li>
  <li class="category-item">
    <img width="52" height="52" src="./img/category/c3.png" alt="">
    <h3>玩具</h3>
    <p>4,100 个产品</p>
  </li>
  <li class="category-item">
    <img width="52" height="52" src="./img/category/c4.png" alt="">
    <h3>音乐</h3>
    <p>22,900 个产品</p>
```

```
  </li>
  <li class="category-item">
    <img width="52" height="52" src="./img/category/c5.png" alt="">
    <h3>图书</h3>
    <p>12,900 个产品</p>
  </li>
  <li class="category-item">
    <img width="52" height="52" src="./img/category/c6.png" alt="">
    <h3>游戏</h3>
    <p>82,000 个产品</p>
  </li>
</ul>
```

(6) 添加热门商品模块的基本结构,代码如下:

```
<div class="wrapper wrap-product">
  <div class="container">
    <div class="product-header">
    </div>
    <div class="product-list">

    </div>
    <a href="#" class="load">加载更多</a>
  </div>
</div>
```

(7) 在类名为 product-header 中<div>中添加标题,代码如下:

```
<div class="product-header">
  <h1 class="title">热门商品</h1>
  <p>值得选择的商品,值得购买的商品</p>
</div>
```

(8) 在类名为 product-list 的<div>中添加第一个商品的基本结构,后续商品按照第一个商品的结构进行添加,代码如下:

```
<div class="product-list">
  <div class="product-item">
    <div class="product-img">
      <img width="180" height="180" src="./img/product/p1.png" alt="">
      <div class="favorite">
        <img src="./img/icon/heart.png" alt="">
      </div>
    </div>
    <div class="product-boy">
      <div class="product-title">
        <h4>黄色T恤</h4>
        <div class="price">￥26</div>
      </div>
      <div class="product-desc">
        夏季专享
      </div>
      <div class="product-score">
```

```
            <img src="./img/icon/star.png" alt="">
            <span class="score">4.9</span>
            <span class="step"></span>
            <span class="count">1,238 个评分</span>
        </div>
      </div>
    </div>
</div>
```

(9) 打开浏览器，显示效果如图 2-35 所示。

图 2-35 热门商品模块效果

(10) 添加热门资讯模块的基本结构，代码如下：

```
<div class="wrapper">
  <div class="container">
    <div class="header-title">

    </div>
    <div class="news-list">

    </div>
  </div>
</div>
```

(11) 在类名为 header-title 的<div>中添加标题内容，代码如下：

```
<div class="header-title">
  <h1>热门资讯</h1>
  <a href="#">查看详情</a>
</div>
```

(12) 在类名为 news-list 的<div>中添加第一篇资讯的基本结构，之后的资讯按照这个结构进行添加，代码如下：

```
<div class="news-list">
  <div class="news-item">
    <div class="news-img">
      <img src="./img/post/post1.png" alt="">
    </div>
    <div class="news-date">10月22日</div>
    <div class="news-title">2023年，你会考虑购买折叠屏手机吗？</div>
    <div class="news-desc">折叠屏可以说是近几年来手机在外观和形态上的一大革新，在度过了几年的技术探索期后，现阶段折叠屏手机愈发成熟……</div>
  </div>
</div>
```

(13) 完成热门资讯模块的结构搭建后，打开浏览器，显示效果如图2-36所示。

图2-36　热门资讯模块效果

(14) 完成服务和版权信息模块基本结构的搭建，代码如下：

```
<div class="wrapper wrap-service">
  <div class="container">
    <div class="service">
      <div class="service-name">

      </div>
      <div class="links">

      </div>
    </div>
  </div>
</div>
<div class="wrapper wrap-copyright">
  <div class="container">
    <div class="copyright">
```

```
      </div>
    </div>
</div>
```

(15) 在类名为 service-name 的 <div> 中添加服务的名称，代码如下：

```
<div class="service-name">
  <img src="./img/logo.png" alt="">
  <p>优选超市</p>
  <p>在这里买到你的心仪好物 </p>
</div>
```

(16) 在类名为 links 的 <div> 中使用自定义列表，完成列表的展示，代码如下：

```
<div class="links">
  <dl class="links-item">
    <dt class="link-title">关于我们</dt>
    <dd class="link-list">
      <a href="#">新浪微博</a>
      <a href="#">官方微信</a>
      <a href="#">联系我们</a>
      <a href="#">公益基金会</a>
    </dd>
  </dl>
</div>
```

(17) 用同样的方式，在类名为 links 的 <div> 中添加其他链接，最终效果如图 2-37 所示。

图 2-37 服务模块效果

(18) 完成版权信息模块的内容填充，代码如下：

```
<div class="wrapper wrap-copyright">
  <div class="container">
    <div class="copyright">
      <p class="copy-text">版权所有©优选有限公司保留所有权利。 </p>
      <div class="copy-link">
```

```
        <a href="#">加入我们</a>
        <a href="#">隐私政策</a>
      </div>
    </div>
  </div>
</div>
```

版权信息模块效果如图 2-38 所示。

图 2-38　版权信息模块效果

至此，该项目中的所有 HTML 结构搭建完毕。

【学生活动手册】

实操题

基于学习到的标签，完成图 2-39 所示效果的 HTML 页面搭建。所需要的文案及图片从素材包中下载。

微课：复杂文本排版

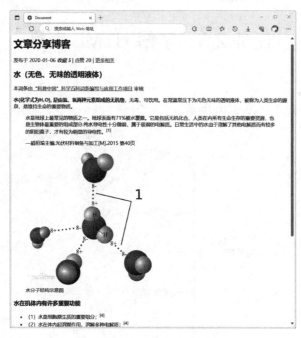

图 2-39　页面效果

选择题

1. 文本格式化标签中，(　　)标签用于强调文本的重要性，通常以粗体显示。

　　A. <em>　　　　B. <i>　　　　C. <strong>　　　　D. <s>

2. 图片标签中，(　　)属性用于指定图像的文件路径或 URL。
   A. alt　　　　　　B. title　　　　　　C. src　　　　　　D. href
3. (　　)标签用于创建无序列表，其列表项使用<li>标签表示。
   A. <ol>　　　　　B. <ul>　　　　　　C. <li>　　　　　　D. <dl>
4. (　　)标签是行内内容容器，用于包裹文本或其他行内元素，以便对它们应用样式或进行操作。
   A. <div>　　　　 B. <span>　　　　　C. <p>　　　　　　D. <section>
5. 定义列表使用(　　)标签创建，术语使用<dt>标签，定义使用<dd>标签。
   A. <ol>　　　　　B. <ul>　　　　　　C. <li>　　　　　　D. <dl>
6. (　　)标签用于表示短引用，自动添加引号，用于表示引用的短句。
   A. <quote>　　　B. <blockquote>　　 C. <q>　　　　　　D. <cite>
7. (　　)标签是块级容器，用于组织元素、布局网页结构，可以应用样式。
   A. <div>　　　　 B. <span>　　　　　C. <section>　　　 D. <article>
8. (　　)标签用于插入换行，使文本在当前行断开并换到下一行。
   A.
　　　　　B. <hr>　　　　　　C. <p>　　　　　　D. <nl>
9. 文本格式化标签中，(　　)标签用于强调文本内容，通常以斜体显示。
   A. <em>　　　　　B. <e>　　　　　　C. <strong>　　　　D. <b>
10. 图片标签中，(　　)属性用于提供图像的替代文本。
    A. alt　　　　　　B. title　　　　　　C. src　　　　　　D. href

任务 2.3　了解 HTML 表格

【涉及知识点】

本任务涉及的知识点如图 2-40 所示。

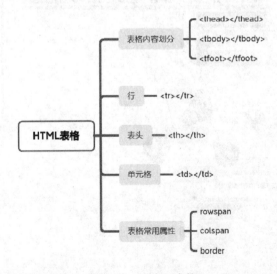

图 2-40　HTML 表格

学习目标

1. 理解表格的作用，能够以结构化方式展示各种类型的数据和信息。
2. 掌握使用 HTML 的<table>标签创建基本表格结构的方法。
3. 熟悉 HTML 中的<thead>、<tbody>和<tfoot>标签，并能够将表格内容划分为不同部分。
4. 熟练运用<tr>、<th>和<td>标签，创建表格的行和单元格，理解 colspan 和 rowspan 属性的用途。

2.3.1 表格的作用

表格用于以结构化的方式展示数据和信息。表格是一种将数据排列成行和列的方式，适用于呈现各种类型的数据，如统计数据、时间表、产品比较等。

(1) 数据展示：表格是展示各种数据的有效方式，使数据更易于理解。
(2) 数据比较：表格可用于比较不同数据项之间的关系，以帮助读者更好地理解数据。
(3) 排列信息：表格能够将信息按照特定的格式进行排列，使信息结构更清晰。
(4) 展示统计数据：表格是呈现统计、计算结果的工具，如销售报表、人口统计等。
(5) 制作时间表：表格可用于制作时间表、日程安排等。
(6) 创建网页布局：在某些情况下，表格还可以用于创建基本的网页布局。

2.3.2 表格标签

1. <table>标签

<table>标签在 HTML 中用于创建表格，它允许开发者以行和列的形式组织和呈现数据。<table>标签需要和其他子标签配合使用。例如：

```
<table>
</table>
```

<table>标签包含一系列属性，用于控制表格的显示样式，其常见属性及相关介绍如表 2-1 所示。

表 2-1 <table>标签的属性

属性	描述	常用属性值
border	设置表格的边框(默认为无边框)	像素值
cellspacing	设置单元格之间的距离	像素值(默认为 2px)
cellpadding	设置单元格内容与单元格边缘之间的距离	像素值(默认为 2px)
width	设置表格的宽度	像素值
height	设置表格的高度	像素值
align	用于设置表格在网页中的水平对齐方式	left、center、right
bgcolor	设置表格的背景颜色	颜色的英文名称、十六进制颜色值、RGB 颜色值 rgb(r,g,b)
background	设置表格的背景图像	背景图像的 URL

2. <thead>、<tbody>和<tfoot>标签

在 HTML 表格中，<thead>、<tbody>和<tfoot>标签用于将表格内容划分为不同部分。使用这些标签有助于结构化表格，使其更具可读性和可访问性。

1) <thead>标签

表示表格的表头部分，其中通常包含列标题。表头部分将表格的列标题从表格的数据部分分离出来，使其更易于理解。通常表头行应与数据行的列数相匹配。

2) <tbody>标签

表示表格的主体部分，其中包含实际的数据行。这是表格的核心内容，包含数据单元格。将表格数据放在<tbody>中有助于将表头与数据分开，使表格更具结构性。

3) <tfoot>标签

表示表格的页脚部分，其中通常包含汇总信息、统计数据等。页脚部分位于表格的底部，可以用于呈现表格的总计、平均值等汇总信息。

在表格中使用<thead>、<tbody>和<tfoot>三个标签，需要将三个标签放置在<table>标签中，例如：

```
<table>
 <thead>
 </thead>
 <tbody>
 </tbody>
 <tfoot>
 </tfoot>
</table>
```

3. <tr>、<th>和<td>标签

在 HTML 表格中，<tr>、<th>和<td>标签用于创建表格结构和展示数据。它们分别表示表格的行、表头单元格和数据单元格。

1) <tr>标签

用于创建表格中的行(table row)。每个<tr>标签表示表格中的一行数据。表格行可以包含表头行、数据行或页脚行等。

2) <th>标签

用于在<tr>标签内创建表头单元格(table header cell)。表头单元格通常包含列标题，以粗体显示。表头单元格适用于标识列的内容。

3) <td>标签

用于在<tr>标签内创建数据单元格(table data cell)。数据单元格用于显示实际的数据内容。表格中的大部分单元格都是数据单元格。

- colspan 属性：用于指定单元格横向跨越的列数。通过设置 colspan 属性值，可以将一个单元格合并为多列单元格。
- rowspan 属性：用于指定单元格纵向跨越的行数。通过设置 rowspan 属性值，可以将一个单元格合并为多行单元格。

表格在使用时需要用<table>标签包裹<tr>标签。一个<tr>标签表示一行，一个<td>标签表示一列。例如：

```
<table>
  <tr>
    <th>姓名</th>
    <th>年龄</th>
    <th>职业</th>
  </tr>
  <tr>
    <td>张三</td>
    <td>28</td>
    <td>工程师</td>
  </tr>
  <tr>
    <td>李四</td>
    <td>35</td>
    <td>设计师</td>
  </tr>
</table>
```

【实战记录活页手册】

实战任务

完成商品信息统计表格的布局。

实战内容

微课：完成商品信息统计表格

(1) 在 VSCode 中新建 table.html 页面。
(2) 完成 HTML 基础模板代码的编写。
(3) 根据商品内容，完成表格结构的开发。代码如下：

```
<table>
  <tr>
    <th>商品名称</th>
    <th>商品描述</th>
    <th>价格</th>
  </tr>
  <tr>
    <td>Xiaomi MIX Fold 3</td>
    <td>轻薄折叠屏｜徕卡光学｜全焦段四摄</td>
    <td>8999 元起</td>
  </tr>
</table>
```

(4) 根据商品信息完成所有列表的展示，效果如图 2-41 所示。

图 2-41　商品信息展示效果图

【学生活动手册】

微课：班级学生信息统计表格排版练习

实操题

基于所学习的表格标签，完成一个表格，统计本班学生信息。

要求：包含 6 列，分别为序号、姓名、年龄、性别、出生日期、备注。

选择题

1. 表格的主要作用是(　　)。
    A. 显示网站内容　　　　　　　　B. 收集用户输入数据
    C. 展示图片和视频　　　　　　　D. 排列信息
2. (　　)不是表格常用的功能。
    A. 数据展示　　B. 数据比较　　C. 制作时间表　　D. 创建网页布局
3. 在 HTML 中，用于创建表格的标签是(　　)。
    A. <table>　　B. <tr>　　C. <tbody>　　D. <th>
4. (　　)标签用于将表格内容划分为不同部分。
    A. <table>　　B. <tr>　　C. <thead>　　D. <td>
5. <tbody> 元素表示表格的(　　)
    A. 表头部分　　　　　　　　　　B. 主体部分
    C. 页脚部分　　　　　　　　　　D. 分组部分
6. 在 HTML 表格中，<th> 标签用于创建(　　)。
    A. 表头单元格　　B. 数据单元格　　C. 表格行　　D. 表格
7. 在 HTML 表格中，<td> 标签用于创建(　　)。
    A. 表头单元格　　B. 数据单元格　　C. 表格行　　D. 表格
8. colspan 属性用于指定单元格横向跨越的(　　)。

A. 表格行　　　　B. 表头单元格　　C. 数据单元格　　D. 表格列
9. rowspan 属性用于指定单元格纵向跨越的(　　)。
A. 表格行　　　　B. 表头单元格　　C. 数据单元格　　D. 表格列
10. 如何在 HTML 表格中合并单元格为多列单元格？(　　)
A. 使用 rowspan 属性　　　　　　B. 使用 colspan 属性
C. 使用 merge 属性　　　　　　　D. 使用 combine 属性

思 政 引 领

主题：信息化与文化传承

　　HTML 作为网页开发的基础框架，使得信息能以更加高效、便捷的方式传播。在国内，这不仅意味着经济的快速发展，还关乎中华优秀传统文化的传承。因为有了这些先进的信息技术，许多地方的文化遗产得以被广泛地展示和传播，更多人得以了解中华民族的历史和文化。

　　因此，作为未来从事网页开发工作的人员，掌握 HTML 技术的同时，也应当认识到自己在文化传承方面所承担的责任。这是符合社会主义核心价值观，也是响应"中华优秀传统文化传承发展工程"的现实需要。

讨论或思考题

(1) 在你看来，信息技术如何助力中华优秀传统文化的传承？

(2) 你认为在进行网页开发时，应如何更好地展示中华文化，符合社会主义核心价值观？

(3) 反思一下，现代信息技术是否有可能导致文化的同质化？如有，应如何避免？

学 习 笔 记

项目 2　网页框架 HTML					
学号		姓名		班级	
重要知识点记录					
任务 2.1				自评	
任务 2.2				自评	
任务 2.3				自评	
实战总结(结果分析)					
任务 2.1					
任务 2.2					
任务 2.3					
在本次项目训练中遇到的问题					
本次项目训练评分					
知识点掌握(20%)	实战完成情况及总结(30%)	活动实施(30%)	解决问题情况(10%)	自评(10%)	综合成绩

项目 3
网页样式 CSS

项目内容

该项目使用 CSS 基本语法完成三个任务的开发案例。

任务 3.1 将完成网页样式的引入操作。在这个任务中将在网页里引入合适的 CSS 文件，以达到样式设置的效果。

任务 3.2 将完成网页中字体属性的设置。在这个任务中，需要利用文字大小、文字加粗、文字样式、行高等属性实现。效果如图 3-1 所示。

图 3-1　任务 3.2 效果图

任务 3.3 将完成网页中文本属性的设置。在这个任务中，需要利用文本颜色、文本对齐、文本缩进等属性实现。效果如图 3-2 所示。

图 3-2　任务 3.3 效果图

任务 3.1　认识 CSS

【涉及知识点】

本任务涉及的知识点如图 3-3 所示。

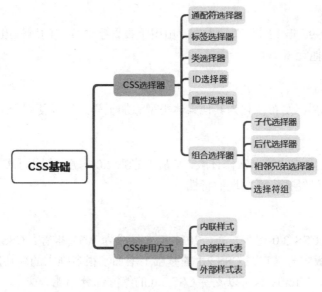

图 3-3　CSS 基础

学习目标

1. 了解 CSS 发展历史。
2. 掌握 CSS 的使用方法。

3.1.1　CSS 简介

　　CSS(cascading style sheets，层叠样式表或级联样式表)，简称样式表，是一种用来表现 HTML 文件样式的计算机语言，是网页文件的重要组成部分。网页的内容由 HTML 语言决定，利用 CSS 可以修饰 HTML 各个标签的风格，对网页中的元素进行精确的格式化控制。CSS 属性在 HTML 元素中是依次出现的，但并不在浏览器中显示。CSS 不仅可以静态地修饰网页，还可以配合各种脚本语言动态地对网页中各元素进行格式化。

　　CSS 能够对网页中元素位置的排版进行像素级精确控制，支持几乎所有的字体、字号样式，拥有对网页对象和模型样式编辑的能力。层叠简单地说，就是对一个元素多次设置同一个样式，并且使用最后一次设置的属性值。

　　CSS 样式表的功能大致可以归纳为以下几点。

(1) 控制页面中文字的字体、颜色、大小、间距、风格及位置。
(2) 设置文本块的行高、缩进及具有三维效果的边框。
(3) 定位网页中的任何元素，设置不同的背景颜色和背景图片。
(4) 精确控制网页中各元素的位置。

(5) 与<div>标签结合布局网页。

3.1.2 CSS 发展历史

CSS 的发展历史分为以下 4 个阶段。

1. CSS 1.0

CSS 最初于 1996 年 12 月 17 日发布,由用于设置字体样式的属性组成,例如字体、文本颜色、背景和其他元素。

2. CSS 2.0

CSS 2.0 于 1998 年发布,它为其他媒体类型添加了样式,以便用于页面布局。

3. CSS 2.1

CSS 2.1 是 CSS 2.0 的第一次修订版,其基于 CSS 2.0 构建,纠正了 CSS 2.0 中的一些错误,并添加了一些已经被广泛实现的特性。

4. CSS 3.0

2010 年开始,CSS 3.0 逐步发布,2011 年 6 月成为 W3C 推荐。CSS 3.0 是 CSS 2.0 的升级版本,3 只是版本号,它在 CSS 2.1 的基础上增加了很多强大的新功能。目前主流浏览器 Chrome、Safari、Firefox 都可以支持 CSS 3.0 的绝大部分功能。

提示:目前前端开发使用的是 CSS 3.0 版本,本书中以 CSS 3.0 标准作为学习的版本。

3.1.3 CSS 的使用方式

当构建网页时,仅有 HTML 可能无法满足我们对页面外观和样式的需求。为了赋予网页更加引人注目的外观和交互效果,还需要使用 CSS。CSS 是一种用于定义网页样式和布局的技术,它通过为 HTML 元素添加样式来控制字体、颜色、布局、间距等各个方面的外观。

微课:CSS 使用方法和基本语法

要想在 HTML 中使用 CSS,首先需要将 CSS 文件引入到 HTML 文档中。这可以通过以下方式实现。

1. 内联样式(inline styles)

这是一种直接在 HTML 标签内部添加样式的方法。在标签内部使用 style 属性,然后在该属性的值中编写 CSS 样式规则,代码如下:

```
<p style="color: blue; font-size: 16px;">这是一个带有内联样式的段落。</p>
```

这种方法仅适用于在单个标签上应用样式的情况,但不利于整体维护和管理。

2. 内部样式表(internal stylesheet)

在 HTML 文档的<head>标签内,使用<style>标签来定义 CSS 样式。这种方法允许开发者在同一文档中集中管理样式,适用于中小规模的网页,代码如下:

```
<head>
```

```
<style>
  p {
    color: blue;
    font-size: 16px;
  }
</style>
</head>
```

使用内部样式表，可以在<style>标签中定义多个样式规则，以适应不同的元素和需求。

3. 外部样式表(external stylesheet)

外部样式表是最常用的 CSS 引入方式。该方式可以将 CSS 代码存储在一个独立的 .css 文件中，然后在 HTML 中使用<link>标签将该文件链接到文档中。这种方式使得样式和内容分离，便于维护和管理，代码如下：

```
<head>
  <link rel="stylesheet" type="text/css" href="styles.css">
</head>
```

在外部样式表中，开发者可以定义全局样式，针对多个页面使用同一套样式，保持一致性。

3.1.4 CSS 基本语法

CSS 中，规则由选择器和声明块组成。选择器用于选中要应用样式的 HTML 元素，而声明块是一对大括号中包含一个或多个属性及其对应的属性值，每个属性值后添加分号结尾，新的属性需要另起一行。代码如下：

动画：CSS 基础语法

```
选择器 {
  属性名1: 属性值;
  属性名2: 属性值;
}
```

选择器是 CSS 中用于选中 HTML 文档中特定元素并应用样式的一种机制。选择器允许以各种方式定位页面上的元素，从而精确地控制它们的外观和行为。下面详细介绍常用的选择器及其用法。

1. 通配符选择器

通配符选择器"*"用于选中页面中的所有元素。这在某些情况下很有用，但要谨慎使用，因为它有可能会导致网页性能问题。代码如下：

```
* {
  font-size:16px;
}
```

上述代码表示将网页中所有元素的字号定义为 16px。在实际应用中，一般需要进行样式的初始设置，如将所有元素的外边距和内边距定义为 0，示例代码如下：

```
*{
margin:0; padding:0;
}
```

2. 标签选择器

标签选择器根据元素的标签名来选中元素，HTML 页面中的所有标签都可以作为标签选择器。例如，要想选中所有段落元素 <p> 并设置其样式，示例代码如下：

```
p {
   font:12px; color:#000;
}
```

上述代码定义网页中所有<p>元素中的文字大小和颜色，用于声明页面中所有<p>元素的样式。

3. 类选择器

类选择器通过元素的 class 属性来选中元素。在定义类选择器时，以"."开头，后面跟着类名。这对于选中一组具有相同类名的元素非常有用。基础代码如下：

```
.类名 {

}
```

使用类选择器时，需要在 HTML 中为对应的标签添加 class 属性，属性值为类名。代码如下：

```
<标签 class="自定义类名"></标签>
```

● 注意：自定义类名的第一个字符不能使用数字，否则该样式无法在浏览器中起作用。并且要和 CSS 中的类名相同。

4. ID 选择器

ID 选择器通过元素的 id 属性来选中元素。在定义 ID 选择器时，以"#"开头，后面跟着 ID 名。页面中的每个元素应该只有唯一的 ID 名。

```
#ID名 {

}
```

使用 ID 选择器时，同样需要在 HTML 中给对应的标签添加 id 属性，属性值为 ID 名。代码如下：

```
<标签 id="自定义ID名"></标签>
```

5. 属性选择器

属性选择器根据元素的属性值来选中元素，使用属性选择器需要 HTML 标签中有对应的属性名和属性值，基础代码如下：

```
[属性名] {

}
```

例如：将对所有带有 title 属性的元素设置字体颜色(color:red)。示例代码如下：

```
[title]{
    color:red;
}
```

如果某个 HTML 标签上有对应的属性,则会被选中。

```
[属性名="属性值"] {

}
```

如果某个 HTML 标签上有对应的属性,并且属性值相同,则会被选中。

6.组合选择器

组合选择器允许将多个选择器组合在一起,以便更精确地选中元素。常见的组合选择器包括子代选择器、后代选择器和相邻兄弟选择器。

1) 子代选择器

子代选择器用于选中特定元素的直接子元素。其语法如下:

```
父元素 > 子元素
```

这意味着只有父元素的直接子元素才会被选中。

HTML 中有一个列表,代码如下:

```
<ul>
  <li>Item 1</li>
  <li>Item 2</li>
</ul>
```

想要选中<li>元素,可以使用子代选择器,代码如下:

```
ul > li {

}
```

2) 后代选择器

后代选择器也称为包含选择器,用于选中嵌套在特定元素内部的元素。其语法如下:

```
祖先元素 后代元素
```

两者之间用空格隔开,这意味着无论嵌套层级有多深,只要后代元素在祖先元素内部,就会被选中。

如果有一个 HTML 结构,代码如下:

```
<div class="container">
    <p>这是一个段落</p>
    <div>
        <p>这是一个段落</p>
    </div>
</div>
```

如果想要选择类名为 container 的<div>中所有的段落,可以使用后代选择器,代码如下:

```
.container p{
```

```
}
```

3) 相邻兄弟选择器

相邻兄弟选择器用于选中紧跟在特定元素后面的相邻兄弟元素。其语法如下：

```
元素1 + 元素2
```

这意味着只有与元素 1 同级且紧跟在元素 1 后面的元素 2 才会被选中。

如果有一个 HTML 结构，代码如下：

```
<h2>Title</h2>
<p>This is a paragraph.</p>
```

想要选择<h2>元素相邻的<p>元素，可以使用相邻兄弟选择器，代码如下：

```
h2 + p {

}
```

(4) 选择符组

为了简化代码，避免重复定义，可以将相同属性和值的选择符组合起来书写，用逗号将各个选择符分开。例如：

```
h1,h2,h3,p,li{color:#666666;}
```

表示将<h1>、<h2>、<h3>、<p>、<li>标签中的文本颜色都设置为灰色(#666666)。

【实战记录活页手册】

实战任务

完成项目样式文件的创建。

微课：项目样式
文件创建

实战内容

(1) 在项目中新建一个 css 文件夹，如图 3-4 所示。

(2) 在 css 文件夹中分别创建 index.css 和 login.css 两个文件，如图 3-5 所示。

图 3-4 css 目录

图 3-5 css 文件

(3) 在 index.html 中引入 index.css，代码如下：

```
<head>
  <meta charset="UTF-8">
```

```
    <meta name="viewport" content="width=device-width, initial-scale=1.0">
    <title>Document</title>
    <link rel="stylesheet" href="./css/index.css">
</head>
```

【学生活动手册】

选择题

1. CSS 是用来表现 HTML 文件样式的计算机语言，其主要功能是(　　)。
   A. 控制网页内容的结构　　　　　B. 定义网页的外观和样式
   C. 处理网页的交互逻辑　　　　　D. 管理网页的数据库连接

2. CSS 中的层叠是指(　　)。
   A. 对元素进行多次选择　　　　　B. 控制元素的精确位置
   C. 给元素添加多个类名　　　　　D. 同时使用多个 CSS 文件

3. (　　)版本的 CSS 引入了页面布局的样式。
   A. CSS 1.0　　　B. CSS 2.0　　　C. CSS 2.1　　　D. CSS 3.0

4. 如何在 HTML 中使用内联样式？(　　)
   A. 使用<link>标签引入 CSS 文件　　B. 在<head>元素内使用<style>标签
   C. 在 HTML 标签内部使用 style 属性　D. 在<body>元素内使用<div>标签

5. 外部样式表的优点是(　　)。
   A. 样式和内容分离，易于维护　　　B. 样式规则嵌入 HTML 中，减少了文件数量
   C. 可以直接在 HTML 标签内定义样式　D. 只能用于单个页面的样式设置

6. CSS 中的声明块是(　　)。
   A. 用于定义 HTML 标签的名称　　　B. 用于定义样式的属性和属性值
   C. 用于创建 HTML 表格　　　　　　D. 用于嵌套 CSS 选择器

7. (　　)用于选中页面中的所有元素。
   A. 标签选择器　　B. 类选择器　　C. ID 选择器　　D. 通配符选择器

8. 如何使用类选择器选中元素？(　　)
   A. 使用 "#" 符号后跟类名　　　　B. 使用 "." 符号后跟类名
   C. 使用 "*" 符号后跟类名　　　　D. 使用 "@" 符号后跟类名

9. 如何使用 ID 选择器选中元素？
   A. 使用 "#" 符号后跟 ID 名　　　B. 使用 "." 符号后跟 ID 名
   C. 使用 "*" 符号后跟 ID 名　　　D. 使用 "@" 符号后跟 ID 名

10. (　　)用于选中紧跟在特定元素后面的相邻兄弟元素。
    A. 子代选择器　　　　　　　　　B. 后代选择器
    C. 相邻兄弟选择器　　　　　　　D. 通配符选择器

任务 3.2　修改网页文字样式

【涉及知识点】

本任务涉及的知识点如图 3-6 所示。

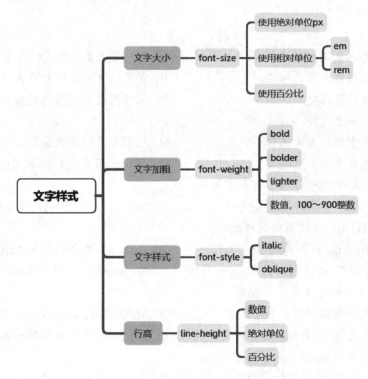

图 3-6　文字样式

学习目标

1. 掌握文字相关属性。
2. 了解文字设置的用途。

3.2.1　文字大小

在网页设计中,文字大小是非常重要的,它直接影响到页面的可读性和整体视觉效果。在 CSS 中,可以使用 font-size 属性来设置文字的大小。代码如下:

```
选择器 {
  font-size: 属性值;
}
```

font-size 的属性值可以使用绝对单位、相对单位和百分比。

动画:CSS
文字属性

1. 使用绝对单位

可以使用绝对单位(如像素、英寸、厘米等)来设置文字的大小。像素(px)是最常用的绝对单位，它指定了文本在屏幕上的实际尺寸。代码如下：

```
h1 {
  font-size: 24px;
}
p {
  font-size: 16px;
}
```

在上述代码中，<h1>元素的文字大小被设置为 24px，而<p>元素的文字大小被设置为 16 px。

2. 使用相对单位

相对单位是根据其他元素或视口尺寸来调整文字大小的单位。其中两个常见的相对单位是 em 和 rem。

(1) em：相对于父元素的字体大小。如果父元素的字体大小是 16px，那么 1em=16px。

(2) rem：相对于根元素(通常是 <html> 元素)的字体大小。它具有更可控的特性，适合在不同层级的元素中使用，示例代码如下：

```
.container {
  font-size: 18px;
}
.text {
  font-size: 1.2em;
}
.article {
  font-size: 1.5rem;
}
```

在上述代码中，.container 类元素的字体大小为 18px，.text 类元素的字体大小为父元素字体大小的 1.2 倍，.article 类元素的字体大小为根元素字体大小的 1.5 倍。

3. 使用百分比

可以使用百分比来设置文字大小。百分比取值是基于父元素中字体的尺寸，例如 100%表示与父元素的字体大小相同。代码如下：

```
.subtitle {
  font-size: 90%;
}
```

在上述代码中，.subtitle 类元素的字体大小被设置为父元素字体大小的 90%。

3.2.2 文字加粗

在 CSS 中，可以使用 font-weight 属性控制文本的字体粗细程度，从而改变文字在页面上的显示效果。代码如下：

```
/* 设置字体粗细 */
选择器 {
  font-weight: 属性值;
}
```

font-weight 有以下可选属性值。

(1) normal：默认值，表示普通的字体粗细。
(2) bold：表示加粗的字体。
(3) bolder：相对于父元素更加粗的字体。
(4) lighter：相对于父元素更加细的字体。
(5) 数值：使用数值来指定粗细程度。取值范围为 100~900，一般情况下都是整百的数。400 通常等同于 normal，700 通常等同于 bold。

```
p {
  font-weight: bold;
}
h1 {
  font-weight: 700;
}
span {
  font-weight: lighter;
}
```

font-weight 属性在网页设计中经常用于强调关键信息、制作标题或者设置不同级别的文本样式。通过合理地设置字体粗细，可以让页面的内容层次更加清晰。

● 注意：font-weight 属性的可用程度取决于所使用的字体。不同的字体对于不同的粗细值可能有不同的呈现效果。因此，在选择字体和设置粗细时，最好通过测试来确保最终的显示效果是否符合预期。

3.2.3 文字样式

在网页设计中，字体的外观和样式对于页面的整体视觉效果和情感表达具有重要影响。CSS 的 font-style 属性用于控制文本的字体样式，使得文本能够呈现出不同的倾斜效果。代码如下：

```
/* 设置字体样式 */
选择器 {
  font-style: 属性值;
}
```

font-style 有以下几个可选属性值。

(1) normal：默认值，表示普通的字体样式。
(2) italic：表示斜体样式的字体，文字会以斜线倾斜。
(3) oblique：表示倾斜样式的字体，文字以一种人工倾斜的方式呈现。与 italic 不同，oblique 并不是所有字体都支持的样式，因此在某些字体上的显示效果可能与预期不符。

```
p {
  font-style: italic;
```

```
h1 {
  font-style: oblique;
}
```

font-style 属性常用于强调文本，为特殊内容赋予不同的情感色彩。例如，斜体文字可以用于引用、标题或者特定的强调内容，以在视觉上与正常文本产生区别。不过需要注意的是，某些字体可能对 oblique 样式的支持有限，可能会导致显示效果不符预期。

3.2.4 行高

在网页设计中，行高是一项重要的排版属性，它决定了行内元素在垂直方向上的间距和对齐方式。CSS 的 line-height 属性用于设置行高，从而影响文字的垂直布局和可读性。代码如下：

```
/* 设置行高 */
选择器 {
  line-height: 属性值;
}
```

line-height 有以下几个可选属性值。

(1) 数值：可以使用数值来指定行高，通常使用无单位的数值，表示当前元素字体大小的倍数。

(2) 百分比：使用百分比来设置行高，表示相对于当前元素的字体大小。

(3) 绝对单位：使用绝对单位(如像素)来明确指定行高的实际值。

```
p {
  line-height: 1.5;
}
h1 {
  line-height: 120%;
}
span {
  line-height: 24px;
}
```

适当的行高可以改善文本的可读性和排版效果。太小的行高可能导致文字之间过于拥挤，影响可读性；而太大的行高则可能使文字之间的空隙过大，降低排版的紧凑感。

合理设置行高可以优化段落和标题的外观，使页面内容更易于阅读，同时还可以在列表、按钮等元素中创建良好的垂直对齐效果。

【实战记录活页手册】

实战任务

完成网页中所有文字样式的开发。

微课：修改网页
文字样式

实战内容

(1) 打开 index.css，准备完成网页文字样式的开发。

(2) 在 index.css 中设置精选分类模块标题的文字样式，如大小、加粗效果，代码如下：

```css
.header-title h1 {
  font-size: 38px;
  font-weight: bold;
}

.header-title a {
  font-size: 18px;
}
```

设置文字样式后的效果如图 3-7 所示。

图 3-7　精选分类模块标题的文字样式

(3) 设置每个分类的标题和描述信息的字体大小，代码如下：

```css
.category-body .category-item h3 {
  font-size: 20px;
  font-weight: bold;
}

.category-body .category-item p {
  font-size: 16px;
}
```

设置字体大小后的效果如图 3-8 所示。

图 3-8　设置分类标题和描述信息的字体大小

(4) 设置热门商品模块标题和描述信息的文字样式，代码如下：

```
.product-header .title {
  font-size: 38px;
  font-weight: bold;
}
.product-header p {
  font-size: 18px;
}
```

设置文字样式后的效果如图 3-9 所示。

图 3-9　热门商品模块标题和描述信息的文字样式

(5) 设置每个商品的商品标题、商品描述、商品价格及商品评分的文字样式，代码如下：

```
.product-item .product-title h4 {
  font-size: 20px;
  font-weight: bold;
}
.product-item .product-title .price {
  font-size: 20px;
}
.product-item .product-desc {
  font-size: 16px;
}
.product-item .product-score {
  font-size: 16px;
}
```

设置文字样式后的效果如图 3-10 所示。

图 3-10　商品详细信息的文字样式

(6) 设置热门资讯的日期、标题以及内容的文字样式，代码如下：

```
.news-list .news-title {
  font-size: 20px;
  font-weight: bold;
}
```

设置文字样式后的效果如图 3-11 所示。

图 3-11　热门资讯的文字样式

(7) 设置服务模块的文字样式，代码如下：

```
.service .link-title {
  font-size: 20px;
}
```

最终效果如图 3-12 所示。

图 3-12　服务模块的文字样式

【学生活动手册】

实操题

设置项目 2 中完成的《秋夜》文章展示页面的文字样式。效果如图 3-13

微课：文章样式设置

所示。

图 3-13　文章展示页面效果

要求：
(1) 设置每段文字为不同的字体大小。
(2) 设置所有超链接为加粗倾斜效果。
(3) 设置"秋夜"标题为不加粗效果。

选择题

1. 在 CSS 中，用于设置文字大小的属性是(　　)。
　　A. font-weight　　B. line-height　　C. font-style　　D. font-size
2. (　　)单位可用于设置文字大小，使其基于父元素中字体的尺寸。
　　A. 像素(px)　　B. 百分比(%)　　C. em　　D. rem
3. 如何设置文字的加粗效果？(　　)
　　A. 使用 font-color 属性　　　　B. 使用 font-style 属性
　　C. 使用 font-weight 属性　　　D. 使用 line-height 属性
4. (　　)值表示普通的字体样式。
　　A. normal　　B. italic　　C. oblique　　D. bold
5. line-height 属性用于设置(　　)。
　　A. 文字大小　　B. 文字颜色　　C. 文字行高　　D. 文字间距
6. (　　)属性可以用于设置行高，使其为当前元素字体大小的倍数。
　　A. font-size　　B. font-style　　C. font-weight　　D. line-height
7. (　　)单位通常用于设置行高的绝对值。
　　A. 百分比(%)　　B. em　　C. 像素(px)　　D. rem
8. (　　)设置可能导致文字之间过于拥挤，影响可读性。

A. 太小的行高 B. 太大的行高
C. 百分比单位的行高 D. 像素单位的行高

9. 如何通过 CSS 来设置文字的斜体样式？（　　）

A. 使用 font-size 属性 B. 使用 font-weight 属性
C. 使用 font-style 属性 D. 使用 line-height 属性

10. 合适的行高设置可以提高(　　)。

A. 文字的颜色　　B. 文字的可读性　　C. 文字的大小　　D. 文字的字体样式

任务 3.3　改变网页文本样式

【涉及知识点】

本任务涉及的知识点如图 3-14 所示。

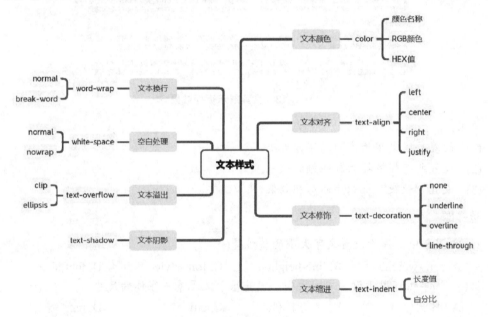

图 3-14　文本样式

学习目标

1. 掌握文本样式设置。
2. 了解文本样式对网页的影响。

动画：CSS 文本属性

3.3.1　文本颜色

在 CSS 中，设置文本颜色是一种常见的样式操作，该操作能够使文本内容更加突出并与页面的整体设计风格相协调。我们通常使用 color 属性来设置文本颜色，基础代码如下：

```
选择器 {
  color: 颜色值;
}
```

表示颜色的属性值可以使用颜色名称、RGB、HEX 来表示。

1. 颜色名称

颜色名称是预定义的词汇，代表了一种颜色。例如：red、blue、green、black 等。使用颜色名称非常方便，但颜色的选择有限，示例代码如下：

```
p {
  color: red;
}
.link {
  color: blue;
}
```

上述代码中，<p>元素的文本颜色设置为红色，.link 类元素的文本颜色设置为蓝色。

2. RGB

RGB(红、绿、蓝)值通过指定红、绿、蓝三种颜色的分量来定义颜色。每个分量的值可以在 0～255 之间，如 rgb(0, 0, 0)、rgb(39, 93, 42)，示例代码如下：

```
.highlight {
  color: rgb(255, 150, 0);
}
```

3. HEX

HEX 也称十六进制颜色值，使用 6 位十六进制数字来表示颜色。从左往右每两位数字依次表示红、绿和蓝的分量。每个分量的值可以在 00～FF 之间，如#FFFFFF、#000000 等，代码如下：

```
.heading {
  color: #4CAF50;
}
```

使用 RGB 和 HEX 时不需要了解具体颜色的色值，通常我们获取元素颜色是从设计图中直接复制的。

3.3.2 文本对齐

在网页设计中，文本的对齐方式对于页面的整体外观和布局至关重要。CSS 的 text-align 属性用于设置文本在元素内部的水平对齐方式。代码如下：

```
/* 设置文本对齐 */
选择器 {
  text-align: 属性值;
}
```

text-align 有以下几个可选属性值。

(1) left：将文本左对齐。

(2) center：将文本居中对齐。

(3) right：将文本右对齐。

(4) justify：将文本两端对齐，使得每行文本在元素内均匀分布。

```
p {
  text-align: center;
}
h1 {
  text-align: right;
}
.blockquote {
  text-align: justify;
}
```

适当的文本对齐方式可以增强页面的视觉效果和可读性。居中对齐的标题可以吸引读者的注意力，右对齐的文本可以使内容更加整齐，两端对齐的段落可以提供更好的阅读体验。

在网页设计中，文本对齐也可以用于创建不同元素之间的视觉分隔，例如居中对齐的导航链接、右对齐的页脚版权信息等。

3.3.3 文本修饰

在网页设计中，为了突出文本内容、链接以及交互元素，常常需要对文本进行修饰，如添加下划线、删除线等。CSS 的 text-decoration 属性提供了设置文本修饰的功能。代码如下：

```
/* 设置文本修饰 */
选择器 {
  text-decoration: 属性值;
}
```

text-decoration 有以下几个可选属性值。
(1) none：默认值，表示没有任何文本修饰。
(2) underline：为文本添加下划线。
(3) overline：为文本添加上划线。
(4) line-through：为文本添加删除线。

```
a {
  text-decoration: none;
}
p {
  text-decoration: line-through;
}
```

文本修饰通常用于为链接提供视觉提示，例如在链接上添加下划线，使用户能够更容易识别可单击的内容。删除线通常用于标记过时或不再有效的文本。通过文本修饰，可以有效地传达信息、吸引注意力，以及提供更好的用户体验。

3.3.4 文本缩进

在网页设计中，首行缩进是一种常用的排版技巧，它可以使段落的首行在左边产生一定的空白间隔，从而增强版式的美观性和可读性。CSS 的 text-indent 属性用于设置首行缩进。代码如下：

```
/* 设置首行缩进 */
选择器 {
  text-indent: 属性值;
}
```

text-indent 有以下几个可选属性值。
(1) 长度值：可以使用长度单位(如 px、em 等)来指定缩进的距离。
(2) 百分比：可以使用百分比来指定相对于父元素宽度的缩进距离。

```
p {
  text-indent: 2em;
}
.blockquote {
  text-indent: 20px;
}
```

首行缩进在段落设计中经常用于区分段落开头和正文，增强内容的层次感。它可以使段落开头的文本产生空白间隔，使得整个页面更加整洁。同时，首行缩进还有助于阅读，让读者更容易分辨出段落的开头。

3.3.5　CSS 3 新增文本属性

1. 文本换行

word-wrap 是 CSS 属性之一，用于控制文本在容器边界处如何换行。该属性有两个可选属性值：normal 和 break-word。

下面是一段 HTML 代码：

```
<div class="container">
  this is a looooooooooooooooong word
</div>
<div class="container">
  这是一段很长长长长长长长长长的文字
</div>
```

添加合适的样式，代码如下：

```
.container {
  width: 100px;
  background: darkgray;
  height: 100px;
}
```

打开页面，效果如图 3-15 所示。
1) normal(默认值)
文本在容器边界处不会自动换行，而是在需要的地方溢出容器。

```
.container {
```

```
  word-wrap: normal;
}
```

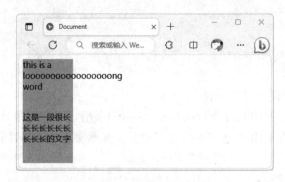

图 3-15 页面展示效果

2) break-word

如果一段文本太长，超出了容器的宽度，那么文本将被强制性地拆分为多行，以适应容器的宽度。

```
.container {
  word-wrap: break-word;
}
```

代码设置后效果如图 3-16 所示。

图 3-16 应用 break-word 效果

使用 word-wrap: break-word; 可以确保文本内容在容器边界处自动换行，以防止溢出。这在处理包含长单词或 URL 的文本时特别有用，以确保页面布局不会被破坏。因为该属性控制的是英文的换行操作，因此，该属性对中文无效。

2. 空白处理

想要实现中文不换行的效果，可以使用 white-space 属性。white-space 是 CSS 属性之一，用于控制元素内文本的空白符(空格、制表符、换行符等)处理方式以及文本换行的规则。white-space 属性有多个可选属性值。

1) normal(默认值)

默认情况下，文本中的多个连续空白符会被合并为一个单独的空格。

```
.container {
```

```
  white-space: normal;
}
```

2) nowrap

文本中的多个连续空白符会被合并为一个单独的空格，文本不会自动换行，会在容器边界处溢出。

```
.container {
  white-space: nowrap;
}
```

设置 white-space 属性后，效果如图 3-17 所示。

图 3-17　不换行效果

white-space 属性在处理文本换行、多个空白符和预格式化文本时非常有用。根据需要，开发者可以选择合适的属性值来控制文本在元素内的显示方式。

3．文本溢出

text-overflow 属性用于定义文本溢出时的显示方式，常见的属性值包括 clip(截断文本)和 ellipsis(使用省略号)。

如果在一个元素中内容超出元素，则可以使用该属性控制文本的展示效果。该属性一般配合文本不换行和 overflow 属性使用。为.container 类元素添加该属性，代码如下：

```
.container {
  white-space: nowrap;
  overflow: hidden;
  text-overflow: clip;
}
```

设置 text-overflow 属性后，效果如图 3-18 所示。

图 3-18　文本溢出时截断文本效果

同样,可以将 text-overflow 的属性值设置为 ellipsis,代码如下:

```
.container {
  white-space: nowrap;
  overflow: hidden;
  text-overflow: ellipsis;
}
```

设置 text-overflow 属性后,效果如图 3-19 所示。

图 3-19　文本溢出时使用省略号效果

4．文本阴影

text-shadow 是 CSS 属性之一,用于在文本周围添加阴影效果。通过使用 text-shadow 属性,可以为文本添加阴影,以增强文本的可读性或为文本添加修饰效果。该属性的语法及参数解读如下:

```
text-shadow: h-shadow v-shadow blur-radius color;
```

1) h-shadow

水平阴影的位置,可以为负数(阴影位于文本左侧)或正数(阴影位于文本右侧)。

2) v-shadow

垂直阴影的位置,可以为负数(阴影位于文本上方)或正数(阴影位于文本下方)。

3) blur-radius

阴影的模糊半径,可以省略,表示无模糊。

4) color

阴影的颜色,可以是颜色名称、十六进制颜色值或 RGB 值。

下面是一个关于文本阴影应用的示例,代码如下:

```
/* 添加黑色的 1px 水平和垂直阴影,无模糊效果 */
.text1 {
  text-shadow: 1px 1px black;
}
/* 添加红色的 2px 水平和垂直阴影,模糊半径为 3px */
.text2 {
  text-shadow: 2px 2px 3px red;
}
/* 添加蓝色的阴影,无水平和垂直偏移,模糊半径为 5px */
```

```
.text3 {
  text-shadow: 0 0 5px blue;
}
```

应用文本阴影效果如图 3-20 所示。

图 3-20　文本阴影效果

【实战记录活页手册】

实战任务

完成网页中所有文本样式的开发。

实战内容

(1) 打开 index.css，准备修改文本样式。
(2) 修改顶部导航栏的文本样式，代码如下：

微课：修改网页
文本样式

```
.topbar .header .menu a {
  color: #17183B;
  text-decoration: none;
}
```

修改文本样式后的导航栏效果如图 3-21 所示。

图 3-21　导航栏文本样式

(3) 修改精选分类模块的文本样式，代码如下：

```
.header-title a {
  color: #1E4C2F;
}
.category-body .category-item h3 {
  color: #0B0F0E;
}
.category-body .category-item p {
  color: #818B9C;
}
```

修改文本样式后的效果如图 3-22 所示。

图 3-22 精选分类模块文本样式

(4) 修改热门商品模块的文本样式，代码如下：

```
.product-header .title {
  color: #0B0F0E;
}
.product-header p {
  color: #818B9C;
}
.product-item .product-title h4 {
  color: #0B0F0E;
}
.product-item .product-title .price {
  color: #1D9E34;
}
.product-item .product-desc {
  color: #818B9C;
}
.product-item .product-score {
  color: #0B0F0E;
}
.load {
  color: #1E4C2F;
}
```

修改文本样式后的效果如图 3-23 所示。

(5) 为商品标题添加更多内容，模拟标题过长情况，代码如下：

```
<h4>
黄色T恤黄色T恤黄色T恤黄色T恤黄色T恤黄色T恤黄色T恤黄色T恤
</h4>
```

设置过长标题后的效果如图 3-24 所示。

图 3-23 热门商品模块文本样式

图 3-24 设置更长的商品标题

(6) 为商品标题设置溢出显示省略号效果，代码如下：

```
.product-item .product-title h4 {
  color: #0B0F0E;
  overflow: hidden;
  text-overflow: ellipsis;
  white-space: nowrap;
}
```

溢出显示省略号效果如图 3-25 所示。

图 3-25 溢出显示省略号效果

(5) 修改热门资讯模块的文本样式，代码如下：

```
.news-list .news-date {
  color: #818B9C;
}
.news-list .news-title {
  color: #0B0F0E;
}
.news-list .news-desc {
  color: #818B9C;}
```

修改文本样式后的效果如图 3-26 所示。

图 3-26　热门资讯模块文本样式

(6) 修改服务及版权信息模块的文本样式，代码如下：

```
.service .service-name {
  color: #0B0F0E;
}
.service .service-name p {
  margin-top: 8px;
}
.service .links {
  color: #0B0F0E;
}
.service .link-list a {
  color: #0B0F0E;
}
.copy-link a {
  color: #0B0F0E;
}
```

修改文本样式后的效果如图 3-27 所示。

图 3-27　服务及版权信息模块文本样式

【学生活动手册】

实操题

微课：文本样式设置

设置任务 3.2 中完成的《秋夜》文章展示页面的文本样式。效果如图 3-28 所示。

图 3-28 文本样式效果

要求：
(1) 设置每个段落的文字为不同的颜色。
(2) 设置所有段落行高为 1.5 倍。
(3) 设置标题居中对齐。
(4) 给作者设置下划线。

选择题

1. 用于设置文本颜色的 CSS 属性是(   )。
   A. text-align   B. font-size   C. color   D. text-decoration
2. 如何表示颜色的 RGB 值？(   )
   A. 使用颜色名称   B. 使用十六进制值
   C. 使用百分比值   D. 使用 RGB 函数
3. (   )颜色表示红色。
   A. blue   B. green   C. red   D. yellow
4. text-align 属性用于设置文本的(   )。
   A. 字母间距   B. 行高   C. 段落间距   D. 水平对齐
5. (   )使文本居中对齐。
   A. text-align: left   B. text-align: center   C. text-align: right   D. text-align: justify
6. text-decoration 属性的值 underline 表示(   )。

A. 上划线　　　　B. 下划线　　　　C. 删除线　　　　D. 无修饰

7. (　　)属性用于设置文本的首行缩进。

A. text-align　　B. line-height　　C. text-decoration　　D. text-indent

8. (　　)表示文本修饰为删除线。

A. text-decoration: underline　　　　B. text-decoration: overline

C. text-decoration: line-through　　　D. text-decoration: none

9. 首行缩进通常用于提高(　　)。

A. 文本颜色　　B. 字体大小　　C. 可读性　　D. 行高

10. (　　)属性用于设置文本的删除线效果。

A. font-weight　　B. text-align　　C. text-decoration　　D. color

思 政 引 领

主题：审美与社会价值观

CSS 是用于控制网页样式和布局的一种标记语言，它的作用不仅仅是让网站看起来更加美观，更深层次的意义是能够传达一种审美观念和社会价值观。在建设社会主义文化强国的过程中，审美教育以及审美价值观的培养同样重要。

在国内，很多传统文化元素，如中式色彩、古典图案等，都可以通过 CSS 在现代网页中表达。这不仅能够丰富网站内容，还能在一定程度上传播和弘扬中华民族优秀传统文化。

因此，作为一名前端开发者，了解和掌握 CSS 不仅是技术需求，也是一种文化传播使命和社会责任。

讨论或思考题

(1) 怎样的网页设计能更好地体现社会主义核心价值观？

(2) 在网页设计中，有哪些方法可以更好地融入中华民族优秀传统文化元素？

(3) 反思一下，审美观念是如何与社会文化和价值观相互影响的？

学 习 笔 记

项目3 网页样式CSS				
学号		姓名		班级
重要知识点记录				
任务 3.1			自评	
任务 3.2			自评	
任务 3.3			自评	
实战任务总结(结果分析)				
任务 3.1				
任务 3.2				
任务 3.3				
在本次项目训练中遇到的问题				
本次项目训练评分				
知识点掌握 (20%)	实战完成情况及总结 (30%)	活动实施 (30%)	解决问题情况 (10%)	自评 (10%)	综合成绩

项目 4
网页样式 CSS 进阶

项目内容

项目 4 用 CSS 盒模型、浏览器默认样式、定位等多个维度的 CSS 样式属性，完成四个任务开发案例。

任务 4.1 应用网页中盒模型属性，设置网页中元素的宽高及 padding、margin。效果如图 4-1 所示。

图 4-1　任务 4.1 效果图

任务 4.2 需要清除浏览器默认样式，让网页效果更美观，更适合 CSS 布局。效果如图 4-2 所示。

图 4-2　任务 4.2 效果图

任务 4.3 将完成网页定位元素的设置。在这个任务中将完成网页中多个元素的定位操作，让元素出现在其他元素的层级之上，并且在其父元素中合适的位置展示。效果如图 4-3 所示。

任务 4.4 将完成登录页面的搭建和布局。效果如图 4-4 所示。

图 4-3 任务 4.3 效果图

图 4-4 任务 4.4 效果图

任务 4.1 CSS 盒模型应用

【涉及知识点】

本任务涉及的知识点如图 4-5 所示。

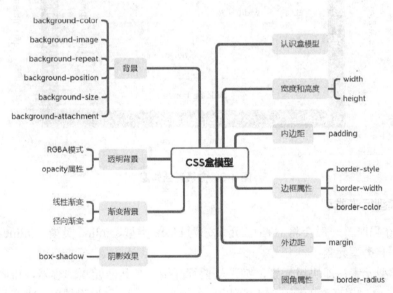

图 4-5 CSS 盒模型

学习目标

1. 掌握 CSS 盒模型属性。
2. 了解不同盒模型的布局方式。

4.1.1 认识盒模型

动画：CSS 盒子模型

盒模型是随 CSS 出现而产生的一个概念。目前，盒模型是网页布局的基础，可以完整地描述元素在网页布局中所占的空间和位置。一个页面可由很多盒子组成，盒子之间会相互影响。每一个盒模型都可以由以下几个属性组合构成：width、height、margin、padding、border、display、position 和 float 等，不同类型的盒模型会产生不同的布局。

1. 盒模型结构

HTML 文档中任何一个元素都会产生一个盒模型，每一个盒模型由 element(元素)、border(边框)、padding(内边距)、margin(外边距)四部分组成，如图 4-6 所示。利用 CSS 属性，给元素的四个盒模型区域设置值。在默认状态下，所有元素盒模型的初始状态：margin、border、padding、width 和 height 都为 0，背景透明。

CSS 代码中的 width 和 height 指的是内容区域的宽和高，增加内边距、边框和外边距不会影响内容区域的尺寸，但会增加盒模型的总尺寸。

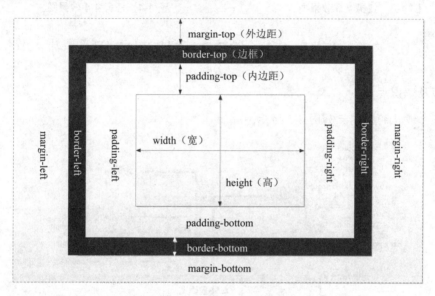

图 4-6　盒模型结构图

2. 盒模型元素类型

在页面布局时，一般会将 HTML 元素分为 block 类型、inline 类型、inline-block 类型。

(1) block 类型元素

block 类型元素，即块级元素，都是从新行开始，是其他元素的容器，可容纳块级元素和行内元素，可设置元素的宽(width)和高(height)，无 width 属性设置时，将充满浏览器的宽度。常见的块级元素如<p>、<h1>~<h6>、<ul>、<ol>、<table>、<div>等。

(2) inline 类型元素

inline 类型元素，即行内元素也称为内联元素，可以与其他行内元素位于同一行，一般不能包含块级元素，可作为其他任何元素的子元素。行内元素不能设置宽(width)和高(height)，高度由内部的字体大小决定，宽度由内容的长度决定。常见的行内元素有<span>、<a>、<em>、<strong>等。

(3) inline-block 类型元素

inline-block 类型元素，即行内的块元素，它是 inline 类型和 block 类型的综合体，

inline-block 类型元素不会占据一行，也支持设置 width 和 height。通过使用 inline-block 类型可以非常方便地实现多个<div>元素的并列显示。

3. display 属性

CSS 使用 display 属性来控制盒模型的类型，改变元素的显示方式，盒模型的基本类型如表 4-1 所示。

表 4-1 盒模型的基本类型

display 属性值	描述
none	此元素不会被显示
block	此元素将被显示为块级元素，并且前后会带有换行符
inline	默认，此元素会被显示为内联元素，元素前后没有换行符
inline-block	此元素将被显示为行内块元素

1) display:none

display 属性可指定为 none 值，浏览器会完全隐藏这个元素，该元素不会被显示，其占用的页面空间也会被释放。

2) display:block

当 display 的值设为 block 时，元素将以块级元素显示，会独占一行，允许通过 CSS 设置高度和宽度。一些元素默认就是 block 类型，如<div>、<p>元素等。

3) display:inline

当 display 的值设为 inline 时，元素将以行内元素形式呈现。inline 类型元素不会独占一行，通过 CSS 设置的高度和宽度不会起作用。一些元素默认就是 inline 类型，如<a>、<span>元素等。可以通过 display 将行内元素变成块级元素，设置高度和宽度，例如，可以给<a>标签应用以下样式。代码如下：

```
a{display:block; width:100px; height:100px;}
```

4) display:inline-block

如果既想给一个元素设置宽度和高度，又想让它以行内元素形式显示，可以通过设置 display 值为 inline-block 来实现。

4.1.2 宽度属性和高度属性

1. 宽度

在网页布局中，元素的宽度是决定元素在水平方向上占据空间大小的关键因素之一。CSS 的 width 属性用于设置元素的宽度。基础代码如下：

```
/* 设置元素宽度 */
选择器 {
  width: 属性值;
}
```

width 的属性值有以下几种设置方式。

(1) 固定值：可以使用绝对单位(如 px、cm 等)来明确指定元素的宽度。
(2) 百分比：可以使用百分比来设置元素的宽度，其表示相对于父元素的宽度。
(3) auto：表示自动计算元素的宽度，通常用于让元素根据内容自适应调整宽度。

示例代码如下：

```
div {
  width: 300px;
}
img {
  width: 50%;
}
p {
  width: auto;
}
```

通过设置元素的宽度，可以控制页面中不同元素的布局和排列方式。固定宽度可以用于创建规律的网格布局，使元素在水平方向上保持一致的尺寸。相对宽度可以用于实现响应式设计，使元素能够根据不同屏幕尺寸自适应调整宽度。

使用 auto 值可以使元素根据内容自动调整宽度，适用于不确定宽度的元素，如文本块。这样可以确保内容适合元素，避免溢出或过大的布局。

2. 高度

在网页布局中，元素的高度是决定元素在垂直方向上占据空间大小的重要因素。CSS 的 height 属性用于设置元素的高度。基础代码如下：

```
/* 设置元素高度 */
选择器 {
  height: 属性值;
}
```

height 的属性值有以下几种设置方式。
(1) 固定值：可以使用绝对单位(如 px、cm 等)来明确指定元素的高度。
(2) 百分比：可以使用百分比来设置元素的高度，其表示相对于父元素的高度。
(3) auto：表示自动计算元素的高度，通常用于让元素根据内容自适应调整高度。

通过合理设置 height 属性，可以控制网页中各个元素在垂直方向上的布局和空间占用。固定高度适用于需要精确尺寸的元素，百分比高度适用于响应式设计，auto 值适用于内容不确定的元素。

● 注意：width 属性和 height 属性仅适用于块元素，对于行内元素无效，但<img>标签和<input>标签除外。

4.1.3 边框属性

在网页设计中，边框是用于装饰和分隔元素的重要视觉特征，可以用来突出元素的轮廓和界限。CSS 的 border 属性用于设置元素的边框样式、宽度和颜色。基础代码如下：

```
/* 设置边框 */
选择器 {
```

```
border: 宽度 样式 颜色;
}
```

(1) 样式：指定边框的显示外观，常见的样式有 none(无边框，默认值)、solid(实线边框)、dashed(虚线边框)、dotted(点状线)、double(双线)等。显示效果如图 4-7 所示。

```
none: 默认无边框
dotted: 定义一个点线边框
dashed: 定义一个虚线边框
solid: 定义实线边框
double: 定义两个边框。两个边框的宽度和 border-width 的值相同
```

图 4-7 边框样式

(2) 宽度：指定边框的宽度，可以使用 px、em 等单位，或者使用关键字 thin、medium、thick，默认值为 medium。

(3) 颜色：指定边框的颜色，可以使用颜色名称、十六进制颜色值、RGB 值等。

除了上述的 border 属性，还可以使用以下属性分别设置边框的宽度、样式和颜色。

(1) border-width：用于单独设置边框的宽度，可以分别设置上、右、下、左四个方向的边框宽度。

(2) border-style：用于单独设置边框的样式，可以分别设置上、右、下、左四个方向的边框样式。

(3) border-color：用于单独设置边框的颜色，可以分别设置上、右、下、左四个方向的边框颜色。

```
/* 单独设置边框宽度、样式、颜色 */
div {
 border-width: 2px;
 border-style: dashed;
 border-color: blue;
}
```

除了统一设置边框的宽度、样式和颜色，还可以使用以下属性单独设置某个方向的边框。

border-top-width、border-right-width、border-bottom-width、border-left-width：分别用于设置上、右、下、左方向的边框宽度。

border-top-style、border-right-style、border-bottom-style、border-left-style：分别用于设置上、右、下、左方向的边框样式。

border-top-color、border-right-color、border-bottom-color、border-left-color：分别用于设置上、右、下、左方向的边框颜色。

```
/* 单独设置不同方向的边框 */
div {
 border-top-width: 2px;
 border-right-width: 3px;
 border-bottom-width: 1px;
 border-left-width: 4px;
}
```

边框在界定元素的范围、区分不同元素之间的关系时起着重要作用。通过设置不同宽度、样式和颜色的边框，可以为元素添加独特的外观效果，增强页面的美观性。边框还常用于创建按钮、文本框等交互元素，提供直观的视觉反馈。

☞ **拓展：轮廓属性的用法**

使用轮廓属性(outline)在元素周围绘制一个线框，该线框位于边框外围，使用轮廓属性设置的线框不会占用元素的空间，可以起到突出元素的作用。

在实际网页制作中，轮廓属性在 CSS 中的应用较少，它主要在公共样式中用于清除浏览器默认的线框，示例代码如下：

```
outline:none;
```

4.1.4 圆角属性

在网页设计中，圆角效果可以为元素的边框添加柔和的外观，提升页面的美观性。CSS 的 border-radius 属性用于设置元素边框的圆角效果。基础代码如下：

```
/* 设置圆角 */
选择器 {
  border-radius: 属性值;
}
```

border-radius 的属性值有以下几种设置方式。

(1) 固定值：可以使用 px、em 等单位来指定圆角的半径，表示四个角的圆角半径都相同。

(2) 多值：可以使用一组值，分别表示左上角、右上角、右下角、左下角的圆角半径。

(3) 百分比：可以使用百分比来设置相对于元素本身尺寸的圆角半径。

示例代码如下：

```
div {
  border-radius: 10px;   /*固定值*/
}
button {
  border-radius: 5px 15px 10px 0;  /*多值*/
}
input {
  border-radius: 50%;   /*百分比*/
}
```

圆角效果常用于按钮、卡片、对话框等元素，为它们设置友好的外观。通过调整圆角半径的大小，可以创建不同程度的圆角效果，从微妙的边框柔化到完全的圆形。

4.1.5 内边距

在网页设计中，内边距是指元素内容与元素边框之间的空间，用于调整元素内部内容与边界之间的间距。CSS 的 padding 属性用于设置元素的内边距。基础代码如下：

```
/* 设置内边距 */
选择器 {
  padding: 上 右 下 左;
}
```

padding 的属性值的设置方法如下。

上、右、下、左：可以使用固定值(px、em 等单位)或百分比，来指定不同方向(上、右、下、左四个方向)的内边距，不能取负值。也可以使用单一值来表示四个方向的相同间距。

示例代码如下：

```
div {
  padding: 10px;
}
p {
  padding: 20px 15px;
}
button {
  padding: 0 5px 0 10px;
}
```

除了统一设置四个方向的内边距，还可以单独设置不同方向的内边距，例如：

◎ padding-top：设置元素顶部内边距。
◎ padding-right：设置元素右侧内边距。
◎ padding-bottom：设置元素底部内边距。
◎ padding-left：设置元素左侧内边距。

示例代码如下。

```
div {
  padding-top: 15px;
  padding-right: 20px;
  padding-bottom: 10px;
  padding-left: 25px;
}
```

内边距常用于调整元素内部内容与边界之间的距离，提升页面的视觉效果和可读性。通过设置内边距，可以在不改变元素尺寸的情况下，增加内容与边框之间的空隙。

● 注意：内边距属性的百分比数值是相对于父元素宽度的百分比，内边距随父元素宽度的变化而变化，与高度无关。

4.1.6 外边距

在网页设计中，外边距是指元素边界与周围元素之间的距离，用于控制元素与其他元素之间的间隔。CSS 的 margin 属性用于设置元素的外边距。基础代码如下：

```
/* 设置外边距 */
选择器 {
  margin: 上 右 下 左;
}
```

margin 的属性值的设置方法如下。

上、右、下、左：可以使用 px、em 等单位来指定不同方向的外边距，分别对应上、右、下、左四个方向的间隔。也可以使用单一值来表示四个方向的相同间隔。

示例代码如下：

```
div {
  margin: 10px;
}
p {
  margin: 20px 15px;
}
button {
  margin: 0 5px 0 10px;
}
```

除了统一设置四个方向的外边距，还可以单独设置不同方向的外边距。

◎ margin-top：设置元素顶部外边距。
◎ margin-right：设置元素右侧外边距。
◎ margin-bottom：设置元素底部外边距。
◎ margin-left：设置元素左侧外边距。

示例代码如下：

```
div {
  margin-top: 15px;
  margin-right: 20px;
  margin-bottom: 10px;
  margin-left: 25px;
}
```

外边距常用于控制元素与其他元素之间的间隔，实现页面的排版和布局。通过设置外边距，可以调整元素之间的距离，创建出合适的视觉空间。

4.1.7 背景

在网页设计中，背景是元素内容后面的底层视觉特征，可以包括背景颜色、背景图片等。CSS 的 background 属性用于设置元素的背景样式。基础代码如下：

```
/* 设置背景 */
选择器 {
  background: 属性值;
}
```

background 是一个复合属性，该属性有多个子属性。

1．background-color

指定元素的背景颜色，可以使用颜色名称、十六进制颜色值、RGB 值等。示例代码如下：

```
div {
  background-color: lightblue;
}
```

2．background-image

指定元素的背景图像，可以使用图像的 URL 地址。

```
div {
  background-image: url("background.jpg");
}
```

默认情况下，背景图像会自动沿水平和垂直两个方向平铺充满整个盒模型。并且会覆盖背景颜色。

3．background-repeat

指定背景图片的平铺方式，常用值有 repeat、no-repeat、repeat-x、repeat-y 等。

(1) repeat：默认值，用于设置背景图像，沿水平和垂直两个方向平铺。
(2) no-repeat：用于设置背景图像不平铺(背景图像位于元素的左上角)，只显示一次。
(3) repeat-x：设置背景图像只沿水平方向平铺。
(4) repeat-y：设置背景图像只沿垂直方向平铺。

示例代码如下：

```
div {
  background-repeat: no-repeat;
}
```

4．background-position

指定背景图像的位置，可以使用关键字(如 center)、固定值、百分比等设置方式。

(1) 使用不同单位的数值(固定值)：最常用的是像素值，可以直接设置背景图像左上角在元素中的水平坐标和垂直坐标。示例代码如下：

```
div {
  background-position: 20px 20px;
}
```

(2) 使用关键字：用于指定背景图像在元素中的对齐方式。
◎ 水平方向：left、center、right。
◎ 垂直方向：top、center、bottom。

示例代码如下：

```
div {
  background-position: left center;
}
```

两个方位的关键字的顺序不唯一，若只有一个方位关键字，则另一个默认为 center，例如 center 相当于 center center(水平和垂直居中)，top 相当于 top center 或 center top(水平居中、垂直靠上)。

5．background-size

在 CSS 3 中，使用 background-size 属性来对背景图像的大小进行控制，其基础语法格式如下：

```
background-size:属性值1 属性值2
```

为 background-size 属性设置 1~2 个值来定义背景图像的宽度和高度,可以使用像素值、百分比等数值,也可以使用 cover 和 contain 等关键字,background-size 属性值介绍如表 4-2 所示。

表 4-2 background-size 属性值及描述

属性值	描述
像素值	设置背景图像的宽度和高度,第一个值为宽度值,第二值为高度值。如果只设置一个值,则第二个值默认为 auto
百分比	用父元素宽度和高度的百分比设置图像的宽度和高度,用法同像素值
cover	把背景图像扩展至足够大,使背景图像完全覆盖背景区域。此时背景图像的某些部分可能无法显示在背景区域中
contain	按照某一边把背景图像扩展至最大尺寸,背景图像完全显示在背景区域中。

示例代码如下:

```
div {
  background-size: 200px 100px;
}
```

6. background-attachment

指定背景图片是否固定在视口中,常用值有 scroll 和 fixed。

```
div {
  background-attachment: fixed;
}
```

背景样式常用于为元素添加视觉特征,提升页面的美观性。背景颜色可以用于设置整个元素的背景色,背景图片可以用于添加纹理、图案等效果。背景样式还可以与其他样式(如内边距、边框)结合,创建丰富多彩的元素效果。

7. 设置背景的透明度

在网页制作中,可以设置背景颜色和背景图像的透明度,以得到一些不同的显示效果。RGBA 模式和 opacity 属性都可以用来更改透明度。

1) RGBA 颜色模式

RGBA 是 CSS 3 新增的颜色模式,是 RGB 颜色模式的延伸,在红 R、绿 G、蓝 B 三原色的基础上添加了透明度参数,其基础语法格式如下:

```
rgba(r,g,b,alpha)
```

其中,alpha 参数是一个介于 0(完全透明)和 1(完全不透明)之间的数字。

示例代码如下:

```
p{
  background-color:rgba(255,0,0,0.5)
}
```

使用 RGBA 颜色模式为<p>元素设置透明度为 0.5 的红色背景。

♦ 注意：RGBA 颜色模式只能用于设置背景颜色的透明度，不能用于设置背景图像的透明度。

2) opacity 属性

在 CSS 3 中，使用 opacity 属性能够使元素呈现透明效果，其基础语法格式如下：

```
opacity:属性值;
```

其中，属性值是一个介于 0(完全透明)和 1(完全不透明)之间的浮点数值。

8．渐变

渐变(gradients)可以让元素背景在两个或多个指定的颜色之间显示平稳的过渡。CSS 3 定义了两种类型的渐变(gradients)。

◎ 线性渐变(linear gradients)：向下、向上、向左、向右、沿对角方向进行渐变。
◎ 径向渐变(radial gradients)：由中心向外进行渐变。

1) 线性渐变

线性渐变(linear gradient)是一种用于创建平滑过渡颜色效果的 CSS 技术。线性渐变允许元素在两个或多个颜色之间创建平滑的过渡，沿着指定的方向进行渐变。

线性渐变通过 linear-gradient() 函数来定义，它可以作为 CSS 的属性值，通常是 background 或 background-image 属性的值。代码如下：

```
background: linear-gradient(direction, color-stop1, color-stop2, ...);
```

其中：

◎ direction：渐变的方向，可以使用角度(如 45deg)、关键词(如 to top、to right)等方式来指定。
◎ color-stop：一个或多个颜色值，用逗号分隔，它们表示渐变的各个颜色。

以下是一个创建垂直线性渐变的示例，从底部到顶部渐变，从深蓝色到浅蓝色，代码如下：

```
background: linear-gradient(to top, #0000FF, #00FFFF);
```

效果如图 4-8 所示。

图 4-8　线性渐变效果

2) 径向渐变

径向渐变(radial gradient)是一种用于创建从一个中心点向外辐射的颜色渐变效果的 CSS 技术。它可以用于在元素的背景、边框、文本等部分创建平滑过渡的颜色效果。

径向渐变通过 radial-gradient() 函数来定义，通常作为 CSS 属性(如 background 或 background-image)的值。基础代码如下：

```
background: radial-gradient(shape size at position, color-stop1, color-stop2, ...);
```

以上代码中各选项含义如下。
◎ shape：渐变的形状，可以是 circle(圆形)或 ellipse(椭圆形)。
◎ size：渐变的大小，可以是长度值(如 100px)或关键词(如 cover 或 contain)。
◎ at position：渐变的中心位置，可以是长度值或关键词(如 center、left、top 等)。
◎ color-stop：一个或多个颜色值，用逗号分隔，表示渐变的各个颜色。

以下是一个创建圆形径向渐变的示例，从内部向外部渐变，从红色到黄色，代码如下：

```
background: radial-gradient(circle, red, yellow);
```

效果如图 4-9 所示。

图 4-9　径向渐变效果图

9. 阴影效果

box-shadow 是一个 CSS 属性，用于在 HTML 元素周围创建阴影效果。它可以使元素看起来像浮在页面上，或者为元素添加深度和立体感。box-shadow 属性的语法代码如下：

```
box-shadow: h-shadow v-shadow blur spread color inset;
```

以上代码中各选项含义如下。
◎ h-shadow：水平阴影的偏移量。可以为正值(右侧阴影)或负值(左侧阴影)。
◎ v-shadow：垂直阴影的偏移量。可以为正值(下方阴影)或负值(上方阴影)。
◎ blur(可选)：模糊半径，用于创建模糊效果。值越大，阴影越模糊，可以是 0。
◎ spread(可选)：阴影的大小。正值会使阴影扩大，负值会使阴影缩小。默认为 0，不会改变阴影的大小。
◎ color(可选)：阴影的颜色。可以使用颜色名称、HEX、RGBA 等颜色表示方式。
◎ inset(可选)：如果指定了该值，则阴影在元素内部而不是外部。它是一个关键词，可以是 inset 或不指定。

box-shadow 属性通常用于按钮、卡片、模态框等元素，以改善它们的外观和增强用户界面的可视化吸引力。开发者可以调整偏移量、模糊程度、阴影颜色等属性，根据需要定制各种阴影效果。

下面是一个使用 box-shadow 创建卡片阴影效果的简单案例。在这个案例中，我们将创建一个卡片元素，为其添加阴影效果，以使其看起来像浮在页面上，代码如下：

```css
.card {
  width: 300px;
  height: 200px;
  background-color: #fff;
  border-radius: 10px;
  padding: 20px;
  text-align: center;
  font-size: 24px;
  font-weight: bold;
  box-shadow: 0px 4px 8px rgba(0, 0, 0, 0.2);
}
```

效果如图 4-10 所示。

图 4-10 设置阴影

【实战记录活页手册】

微课：盒模型属性
设置——顶部导航
banner 和分类

实战任务

完成网页中盒模型属性的设置。

实战内容

(1) 打开 index.css，修改网页中盒模型属性。
(2) 设置版心 .container 类元素的样式，给版心添加盒模型属性，代码如下：

```css
.container {
  width: 1200px;
  margin-left: auto;
  margin-right: auto;
}
```

设置后效果如图 4-11 所示。
(4) 设置顶部导航栏的高度并设置导航链接之间的距离，代码如下：

```css
.topbar .header .menu a{
  color: #17183B;
  margin-left: 40px;
}
```

设置后效果如图 4-12 所示。

图 4-11　版心效果

图 4-12　导航栏效果

(5) 设置 banner 区域及"下一页"按钮的盒模型属性，代码如下：

```css
.wrap-banner {
  margin: 20px;
}
.banner {
  border-radius: 20px;
}
.next {
  margin-top: -26px;
  width: 52px;
  height: 52px;
  background: #fff;
  border-radius: 50%;
}
```

设置后效果如图 4-13 所示。

图 4-13　banner 区域及"下一页"按钮效果

(6) 设置精选分类模块标题的盒模型属性，代码如下：

```css
.header-title h1 {
  font-size: 38px;
  font-weight: bold;
}
.header-title a {
  font-size: 18px;
  width: 104px;
  height: 46px;
  border: 1px solid #1E4C2F;  border-radius: 8px;
}
```

修改后效果如图 4-14 所示。

图 4-14　精选分类模块标题效果

(7) 设置商品分类的盒模型属性，代码如下：

```css
.wrap-category {
  padding: 80px 0;
}
.category-body {
  margin-top: 60px;
}
.category-body .category-item {
  border: 2px solid #E4E9EE;
  width: 180px;
  height: 198px;
  border-radius: 12px;
}
.category-body .category-item h3 {
  color: #0B0F0E;
  font-size: 20px;
  font-weight: bold;
  margin-top: 24px;
}
.category-body .category-item p {
  font-size: 16px;  margin-top: 5px;
}
```

设置后效果如图 4-15 所示。

图 4-15　商品分类效果

(8) 设置热门商品模块标题的盒模型属性，代码如下：

```css
.wrap-product {
  margin-bottom: 50px;
}
.product-header .title {
  font-size: 38px;
  font-weight: bold;
}
.product-header p {
  margin-top: 10px;
}
```

微课：盒模型属性设置——商品资讯服务及版权

设置后效果如图 4-16 所示。

图 4-16　热门商品模块标题效果

(9) 设置商品图片及收藏的盒模型属性，代码如下：

```css
.product-list {
  margin-top: 45px;
}
.product-list .product-item {
  width: 282px;
  margin-bottom: 32px;
  border-radius: 8px;
}
.product-list .product-item .product-img {
  background: #F6F6F6;
  border-radius: 8px;
  height: 280px;
}
```

```css
.product-list .product-img .favorite {
  width: 36px;
  height: 36px;
  background: #fff;
  border-radius: 50%;
}
```

修改后效果如图 4-17 所示。

图 4-17　商品图片及收藏效果

(10) 设置商品信息的盒模型属性，代码如下：

```css
.product-item .product-title {
  margin-top: 16px;
}
.product-item .product-title h4 {
  color: #0B0F0E;
  font-size: 20px;
  font-weight: bold;
}
.product-body {
  padding: 0 10px 10px;
}
.product-item .product-title .price {
  color: #1D9E34;
  font-size: 20px;
}
.product-item .product-desc {
  color: #818B9C;
  font-size: 16px;
  margin-top: 10px;
}
.product-item .product-score {
  margin-top: 10px;
  color: #0B0F0E;
  font-size: 16px;
}
.product-item .product-score .step {
```

```
  width: 4px;
  height: 4px;
  border-radius: 50%;
  background: #E4E9EE;
  margin: 0 8px;
}
.product-item .product-score .score {
  margin-left: 8px;
}
```

设置后效果如图 4-18 所示。

图 4-18　商品信息效果

(11) 设置"加载更多"按钮的盒模型属性，代码如下：

```
.load {
  width: 200px;
  height: 54px;
  border-radius: 8px;
  border: 1px solid #1E4C2F;
  color: #1E4C2F;
  margin: 0 auto;
}
```

设置后效果如图 4-19 所示。

图 4-19　"加载更多"按钮效果

(11) 设置热门资讯模块的盒模型属性，代码如下：

```css
.news-list {
  margin: 52px 0;
}
.news-list .news-item {
  width: 384px;
}
.news-list .news-date {
  margin: 16px 0 12px;
  color: #818B9C;
}
.news-list .news-title {
  color: #0B0F0E;
  font-size: 20px;
  font-weight: bold;
}
.news-list .news-desc {
  color: #818B9C;
  margin-top: 8px;
  line-height: 26px;
}
```

修改后样式如图 4-20 所示。

图 4-20　热门资讯模块效果

(12) 设置服务模块的盒模型属性，代码如下：

```css
.wrap-service {
  background: #F7F7F7;
  padding: 50px 0;
}
.service .service-name {
  color: #0B0F0E;
}
.service .service-name p {
  margin-top: 8px;
```

```css
}
.service .links {
  color: #0B0F0E;
}
.service .links-item {
  margin-left: 60px;
}
.service .link-title {
  margin-bottom: 16px;
  font-size: 20px;
}
.service .link-list a {
  margin-bottom: 12px;
  color: #0B0F0E;
}
.service .link-list span {
  margin-bottom: 12px;
}
```

修改后效果如图 4-21 所示。

图 4-21 服务模块效果

(13) 设置版权信息模块的盒模型属性,代码如下:

```css
.wrap-copyright {
  background: #F1F1F1;
}
.copyright {
  height: 58px;
}
.copy-link a {
  color: #0B0F0E;
  margin-left: 32px;
}
```

设置后效果如图 4-22 所示。

图 4-22 版权信息模块效果

【学生活动手册】

实操题

根据盒模型属性，实现不同的按钮样式，效果如图 4-23 所示。

微课：盒模型练习

图 4-23 不同按钮样式效果

要求：
利用合适的外边距和内边距来制作按钮。

选择题

1. 元素的宽度在网页布局中扮演什么角色？（　　）
   A. 决定元素的字体大小
   B. 决定元素在水平方向上占据的空间大小
   C. 决定元素的背景颜色
   D. 决定元素的高度
2. CSS 中用于设置元素宽度的属性是(　　)。
   A. size　　　　　B. length　　　　C. width　　　　D. height
3. (　　)不能用于设置元素宽度？
   A. 固定值　　　　B. 百分比　　　　C. auto　　　　　D. length
4. 如果想让一个 <div> 元素的宽度为 300px，应该如何设置它的宽度？（　　）
   A. width: 300px;　B. width: 50%;　　C. width: auto;　D. width: 300;
5. (　　)是响应式设计中用于设置元素宽度的常见方式。

A. 百分比　　　　　B. 固定值　　　　　C. auto　　　　　D. em

6. 使用 auto 值设置元素宽度的主要用途是(　　)。

　　A. 创建规律的网格布局　　　　　B. 实现响应式设计

　　C. 让元素根据内容自适应宽度　　D. 固定元素的宽度

7. 在网页布局中，元素的高度是指(　　)。

　　A. 元素的字体大小　　　　　　　B. 元素的背景颜色

　　C. 元素在垂直方向上占据的空间大小　　D. 元素的边框样式

8. CSS 中用于设置元素高度的属性是(　　)。

　　A. size　　　　B. length　　　　C. width　　　　D. height

9. (　　)方式不能用于设置元素高度。

　　A. 百分比　　　B. 长度值　　　　C. auto　　　　D. width

10. 如果想让一个 <img> 元素的高度为其父元素高度的 50%，应该如何设置它的高度？(　　)

　　A. height: 50%;　　B. height: auto;　　C. height: 50px;　　D. height: inherit;

任务 4.2　清除浏览器默认样式

【涉及知识点】

本任务涉及的知识点如图 4-24 所示。

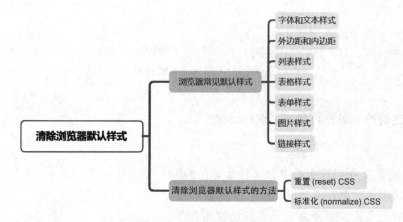

图 4-24　清除浏览器默认样式

学习目标

1. 了解浏览器默认样式。
2. 掌握清除浏览器默认样式的方式。
3. 了解 reset.css 和 normalize.css 的区别。

动画：浏览器默认样式

4.2.1　浏览器常见默认样式

在网页设计中，浏览器在渲染网页时会为各个 HTML 元素应用一些默认的样式，以确保页面的可读性和一致性。这些默认样式可能会因浏览器而异，但一般情况下，它们具有以下一些常见的特点。

(1) 字体和文本样式

浏览器通常会为不同类型的文本元素(如段落、标题、链接等)应用默认字体、字号和行高。链接通常会有下划线和特定的颜色，已访问链接的颜色可能会有所不同。

(2) 外边距和内边距

浏览器为各种 HTML 元素设置了默认的外边距(margin)和内边距(padding)，以确保页面元素之间有一定的间隔。

(3) 列表样式

无序列表(<ul>)和有序列表(<ol>)通常会有默认的项目符号或编号样式。

(4) 表格样式

表格元素(如<table>、<th>、<td>等)通常会有默认的边框样式和间距。

(5) 表单样式

表单元素(如<input>、<button>等)可能会有默认的边框和内边距，不同类型的表单元素可能会有略微不同的外观。

(6) 图片样式

图片元素(<img>)可能会有默认的边框样式，但现代浏览器一般不会显示边框。

(7) 链接样式

默认情况下，链接元素(<a>)可能会有下划线，并且链接在被单击后可能会呈现不同的颜色。

4.2.2 清除浏览器默认样式的方法

1. 重置(reset)CSS

重置 CSS 旨在消除不同浏览器之间的默认样式差异，使所有元素的样式在不同浏览器中保持一致。它会将大多数 HTML 元素的默认样式重置为一致的基础样式，然后开发者可以在此基础上重新构建样式。详细的 CSS 内容详见素材中的 reset.css 文件。

2. 标准化(normalize)CSS

标准化 CSS 在重置 CSS 的基础上，保留了一些有益的默认样式，同时修复了不同浏览器之间的差异。这可以帮助保留有用的默认行为，同时确保一致的外观。一般会使用 normalize.css 文件来进行样式标准化。

3. 手动覆盖默认样式

可以通过手动编写 CSS 来覆盖默认样式。使用选择器针对特定元素或使用类选择器，逐个覆盖需要修改的属性。这种方法需要开发者熟悉浏览器的默认样式，以便精确覆盖。示例代码如下：

```
body {
  margin: 0;
  padding: 0;
  font-family: Arial, sans-serif;
```

}

选择适合项目需求的方法，以便从头开始构建元素样式，确保一致性和实现预期的外观。

4.2.3 reset.css 和 normalize.css 的区别

reset.css 和 normalize.css 都是用于清除浏览器默认样式的工具，但它们在实现方法和效果上有所不同。其区别如下。

1. reset.css

reset.css 的目标是消除浏览器默认样式的影响，使所有元素在不同浏览器中呈现一致的基础样式。它会将大多数元素的外边距、内边距、边框等属性设置为 0，消除默认样式带来的差异。

reset.css 的优点如下。
- ◎ 适用于从零开始构建样式，确保没有浏览器默认样式的干扰。
- ◎ 消除了各浏览器之间的样式差异，确保了一致性。
- ◎ 适用于希望完全掌控样式的开发者。

reset.css 的缺点如下。
- ◎ 可能会消除一些有用的默认样式，需要重新设置某些样式。
- ◎ 可能会消除一些有用的默认行为，需要手动添加。

2. normalize.css

normalize.css 的目标是保留有用的默认样式，同时修复浏览器之间的差异，呈现一致和合理的样式。它尊重浏览器的默认行为，修复了许多常见的兼容性问题。

normalize.css 的优点如下。
- ◎ 保留了一些有用的默认样式，如表单元素的一致外观。
- ◎ 标准化了不同浏览器之间的差异，确保了一致性，同时保留了一些有益的默认行为。
- ◎ 适用于希望在保持一致性的同时兼顾实用性的开发者。

normalize.css 的缺点如下。
- ◎ 仍然可能需要进行一些样式的微调，以满足特定的设计要求。

综合来看，想要一个干净的起点，完全控制样式，并且不需要保留任何浏览器默认样式，可以选择 reset.css。如果想要保留一些有用的默认样式和行为，同时消除浏览器之间的差异，normalize.css 更合适。

【实战记录活页手册】

实战任务

在项目中引入 reset.css。

微课：在项目中引入 reset.css

实战内容

(1) 打开 index.html 文件并定位到<head>标签。

(2) 将素材中的 reset.css 复制到项目的 css 文件夹中。

(3) 在<head>标签中添加 CSS 引入代码，使用<link>标签引入 reset.css，代码如下：

```
<head>
  <meta charset="UTF-8">
  <meta name="viewport" content="width=device-width, initial-scale=1.0">
  <title>Document</title>
  <link rel="stylesheet" href="./css/reset.css">
  <link rel="stylesheet" href="./css/index.css">
</head>
```

(4) 引入 reset.css 后查看网页效果，观察网页的变化，比如列表样式中的黑色圆点，超链接下方的下划线。

【学生活动手册】

实操题

在网页中分别引入 reset.css 和 normalize.css 观察两者的区别，并得出结论。

选择题

1. 浏览器默认样式的目的是(   )。
   A. 增强页面的美观性   B. 确保页面的可读性和一致性
   C. 提高页面的加载速度   D. 增加网页的交互性

2. 浏览器通常会为不同类型的文本元素应用默认的(   )样式。
   A. 背景颜色和行高   B. 字体、字号和行高
   C. 边框样式和边距   D. 边框颜色和字体颜色

3. 默认情况下，链接元素(<a>)通常会具有(   )样式。
   A. 下划线和特定的颜色   B. 加粗字体和斜体
   C. 背景图片和阴影效果   D. 边框和内边距

4. (   )是重置(reset)CSS 的主要目标。
   A. 保留浏览器默认样式   B. 消除浏览器默认样式差异
   C. 添加额外的默认样式   D. 增加页面的可读性

5. (   )方法适用于从零开始构建自己的样式，确保没有浏览器默认样式的干扰。
   A. 使用 normalize.css   B. 使用标准的 CSS
   C. 使用带有默认样式的 CSS   D. 使用 reset.css

6. (   )是标准化(normalize)CSS 的主要目标。
   A. 消除所有默认样式   B. 修复浏览器默认样式
   C. 增加浏览器默认样式   D. 添加新的样式

7. 与重置(reset)CSS 相比，标准化(normalize)CSS 的优点是(   )。
   A. 完全消除默认样式   B. 修复浏览器之间的差异

　　　　C. 增加默认样式的数量　　　　　　D. 增加页面的加载速度
8. (　　)方法更适合开发者希望在保持一致性的同时保留有用的默认样式和行为。
　　　　A. 重置(reset)CSS　　　　　　　　B. 标准化(normalize)CSS
　　　　C. 手动覆盖默认样式　　　　　　　D. 不使用任何样式
9. 重置(reset)CSS 和标准化(normalize)CSS 都会消除浏览器默认样式的影响。(　　)
　　　　A. 正确　　　　　B. 错误
10. 手动编写 CSS 来覆盖默认样式需要开发者熟悉浏览器的默认样式以便精确覆盖。(　　)
　　　　A. 正确　　　　　B. 错误

任务4.3　定 位 技 巧

【涉及知识点】

本任务涉及的知识点如图 4-25 所示。

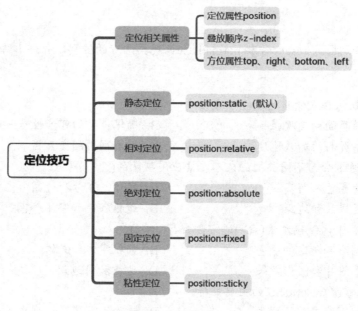

图 4-25　定位技巧

学习目标

1. 掌握四种定位的方式。
2. 了解不同定位的应用场景。

4.3.1　元素的定位属性

　　在前端开发中，定位(positioning)是一种布局技术，用于控制元素在页面中的位置。通过使用不同的定位属性和值，可以将元素相对于其正常文档流位置进行移动、定位和层叠。

1. 定位的作用

定位在创建复杂的布局和实现特定效果时非常有用。定位具有以下特点。

(1) 控制元素的位置：定位属性允许开发者精确地控制元素在页面中的位置。可以将元素移动到页面的特定位置，而不受其他元素的影响。

(2) 实现布局：使用定位，可以创建复杂的页面布局。这使得页面的设计更加灵活和多样化。

(3) 层叠元素：使用定位，可以控制元素的层叠顺序，使得某些元素位于其他元素的上方或下方。这在创建弹出框、菜单和悬浮效果时非常有用。

(4) 相对定位：相对定位(relative positioning)是指将元素相对于其正常位置进行微调。可以使用相对定位将元素上下左右移动，但仍然保留其占用的空间。

(5) 绝对定位：绝对定位(absolute positioning)是指将元素相对于其最近的已定位祖先元素进行定位。

(6) 固定定位：固定定位(fixed positioning)是指将元素固定在浏览器视口的特定位置，即使页面滚动，该元素仍然保持在同一个位置。

(7) 精确对齐：使用定位，开发者可以实现元素的精确对齐，如将元素的顶部与其他元素的底部对齐。

2. 定位属性 position

定位使用 position 属性来控制，定位后的元素会有 top、right、bottom、left 四个方向的属性，以及一个层级的设置属性 z-index。代码如下：

```
选择器 {
    position: 定位属性值;
}
```

position 属性的常用值有 4 个，分别表示不同的定位模式，具体如表 4-3 所示。

表 4-3　position 属性的常用值及相应描述

值	描述
static	静态定位，默认定位方式
relative	相对定位，相对于其正常文档流的位置进行定位
absolute	绝对定位，相对于其上一个已经定位的父元素进行定位
fixed	固定定位，相对于浏览器窗口进行定位
sticky	粘性定位，介于相对定位和固定定位之间

3. z-index

z-index 是一个 CSS 属性，用于控制 HTML 元素在堆叠(叠放)顺序中的位置。当多个元素重叠在一起时，z-index 属性可以决定哪个元素显示在上面，哪个元素显示在下面。具体来说，z-index 用于定义元素的堆叠层级，具有较高 z-index 值的元素将覆盖具有较低 z-index 值的元素。基础代码如下：

```
z-index: 值
```

z-index 的值可以是正数、负数或 auto。较大的 z-index 值表示元素处于较高的堆叠层级，而较小的 z-index 值表示元素处于较低的堆叠层级。示例代码如下：

```
img{
    z-index:-1;
}
```

4.3.2 相对定位

相对定位(relative positioning)是一种 CSS 定位技术，用于微调元素的位置，同时保留元素在文档流中的位置。通过相对定位，可以将元素相对于其正常文档流位置进行移动，而周围的元素仍然占用原来的空间。基础代码如下：

动画：CSS 定位属性之相对定位

```
/* 使用相对定位 */
选择器 {
  position: relative;
  top: 偏移值;
  right: 偏移值;
  bottom: 偏移值;
  left: 偏移值;
}
```

position: relative;：将元素设置为相对定位，启用相对定位的功能。

top、right、bottom、left：通过设置这些属性，可以指定元素相对于其原始位置的上、右、下、左方向的偏移量。

相对定位不会使元素脱离正常的文档流，是相对与其正常位置进行偏移，但原始位置所占据的空间仍被保留，并没有被其他元素挤占。相对定位不会改变元素的层叠顺序，它仍然在正常文档流的顺序中。

相对定位是一种非常实用的布局技术，允许在文档流中保留元素的同时，微调元素的位置，创建各种交互效果和实现精确对齐。

下面是一个基于相对定位的案例介绍，代码如下：

```
.container {
  position: relative;
  /* 创建相对定位的容器 */
  width: 300px;
  height: 200px;
  border: 1px solid #ccc;
}
.textbox {
  position: relative;
  /* 创建相对定位的文本框 */
  top: 20px;
  /* 相对原始位置向下移动 20px */
  left: 50px;
  /* 相对原始位置向右移动 50px */
```

```
}
<div class="container">
  <input type="text" class="textbox" placeholder="文本框">
</div>
```

显示效果如图 4-26 所示。

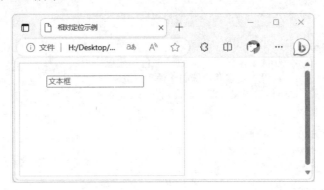

图 4-26　相对定位示例

4.3.3　绝对定位

绝对定位(absolute positioning)是一种 CSS 定位技术,允许将元素相对于其最近的已定位祖先元素进行定位,或者相对于整个视口进行定位。通过绝对定位,可以将元素从正常文档流中移除,并将其放置在指定的位置。基础代码如下:

动画:CSS 定位属性之绝对定位

```
/* 使用绝对定位 */
选择器 {
  position: absolute;
  top: 偏移值;
  right: 偏移值;
  bottom: 偏移值;
  left: 偏移值;
}
```

position: absolute;:将元素设置为绝对定位,启用绝对定位的功能。

top、right、bottom、left:通过设置这些属性,可以指定元素相对于其最近的已定位祖先元素或视口的上、右、下、左方向的偏移量。

绝对定位会将元素从文档流中移除,其他元素不会再考虑该元素的位置。元素的位置是相对于最近的已定位祖先元素进行计算的,如果没有已定位的祖先元素,则相对于整个视口进行定位。绝对定位的元素不会影响周围元素的位置,它们可以重叠在一起。绝对定位的元素的层叠顺序可能会受到影响,可以使用 z-index 属性来控制。

绝对定位是一种非常强大的布局技术,可以精确地控制元素的位置,创建复杂的布局和交互效果。

下面是一个块元素在其父元素中绝对定位的案例,代码如下:

```
.container {
```

```
    position: relative;    /* 创建相对定位的容器 */
    width: 200px;
    height: 200px;
    background-color: #ccc;
}
.color-block {
    position: absolute;    /* 创建绝对定位的颜色块 */
    width: 50px;
    height: 50px;
    background-color: blue;    /* 设置颜色为蓝色 */
    top: 20px;    /* 相对于父容器顶部向下偏移 20px */
    left: 20px;   /* 相对于父容器左侧向右偏移 20px */
}
```

```html
<div class="container">
    <div class="color-block"></div>
</div>
```

效果如图 4-27 所示。

图 4-27 绝对定位示例

4.3.4 固定定位

固定定位(fixed positioning)是一种 CSS 定位技术，用于将元素固定在浏览器视口的特定位置，即使页面滚动，该元素仍然保持在同一个位置。基础代码如下：

动画：CSS 定位属性之固定定位

```
/* 使用固定定位 */
选择器 {
    position: fixed;
    top: 偏移值;
    right: 偏移值;
    bottom: 偏移值;
    left: 偏移值;
}
```

position: fixed;：将元素设置为固定定位，启用固定定位的功能。

top、right、bottom、left：通过设置这些属性，可以指定元素相对于浏览器视口的上、右、下、左方向的偏移量。

固定定位的元素会从文档流中脱离，保持在同一个位置，即使页面滚动。元素的位置是相对于浏览器视口进行计算的，而不是相对于父元素或祖先元素。固定定位的元素不会影响其他元素的位置，即使页面滚动，其位置也始终保持固定。

固定定位是一种有用的布局技术，可以在页面滚动时保持某些元素的位置不变，提供持续的信息或导航。

下面是一个固定定位的案例，代码如下：

```
body {
  margin: 0;
  padding: 0;
}

.fixed-block {
  position: fixed;         /* 创建固定定位的色块 */
  bottom: 10px;            /* 固定在页面底部 */
  right: 10px;             /* 固定在页面右侧 */
  width: 100px;
  height: 100px;
  background-color: red;
}
<div class="fixed-block"></div>
```

效果如图 4-28 所示。

图 4-28 固定定位示例

4.3.5 粘性定位

粘性定位(sticky positioning)是一种 CSS 定位技术，介于相对定位和固定定位之间。它使元素在页面滚动到特定位置时变为固定定位，然后在页面滚动到另一个特定位置时恢复为相对定位。基础代码如下：

动画：CSS 定位属性之粘性定位

```
/* 使用粘性定位 */
选择器 {
  position: sticky;
  top: 偏移值;
  bottom: 偏移值;
}
```

position: sticky;：将元素设置为粘性定位，启用粘性定位的功能。

top、bottom：通过设置这些属性，可以指定元素相对于父元素或最近的祖先元素的上、下方向的偏移量。

元素在页面滚动到特定位置时变为固定定位，然后在页面滚动到另一个特定位置时恢复为相对定位。当元素被固定定位时，它会保持在父元素或祖先元素的边界内，不会超出。粘性定位的行为取决于容器的滚动，因此它需要父元素或祖先元素具有滚动条。

粘性定位是一种非常有用的布局技术，允许在特定位置将元素切换为固定定位，然后在另一个位置切换回相对定位，以创建更流畅的用户体验。

下面是一个基于粘性定位的案例，代码如下：

```css
.container {
  width: 300px;
  margin: 50px auto;
  background-color: #eee;
  padding: 20px;
  border: 1px solid #ccc;
}
.sticky-element {
  position: sticky;      /* 创建粘性定位的元素 */
  top: 20px;             /* 在距离父容器顶部 20px 处粘性定位 */
  background-color: #f3f3f3;
  padding: 10px;
  border: 1px solid #ccc;
}
.content {
  height: 2000px;        /* 为了使页面有足够的高度进行滚动 */
}
```

```html
<div class="container">
  <h2>粘性定位示例</h2>
  <div class="content">
    <div class="sticky-element">
      <p>我是一个粘性定位的元素</p>
      <p>滚动页面查看效果</p>
    </div>
  </div>
</div>
```

效果如图 4-29 所示。

图 4-29　粘性定位示例

【实战记录活页手册】

实战任务

完成网页中定位属性的使用。

微课：完成项目中定位属性

实战内容

(1) 打开 index.css，修改网页中的定位属性。

(2) 将 banner 区域的"下一页"按钮，定位到 banner 中合适的位置，代码如下：

```
.next {
  position: absolute;
  top: 50%;
  right: 30px;
}
```

(3) 给 .banner 类元素添加相对定位属性，让"下一页"按钮出现在合适的位置。代码如下：

```
.banner {
  position: relative;
}
```

修改后效果如图 4-30 所示。

图 4-30　定位效果

(4) 将商品信息中的"收藏"按钮定位在商品信息的右上角，代码如下：

```
.product-list .product-img .favorite {
  position: absolute;
  top: 12px;
  right: 12px;
}
```

(5) 给"收藏"按钮的父元素添加相对定位属性，代码如下：

```
.product-list .product-item .product-img {
  position: relative;
```

}

修改后效果如图 4-31 所示。

图 4-31 "收藏"按钮定位效果

【学生活动手册】

实操题

基于定位属性，完成定位布局，效果如图 4-32 所示。

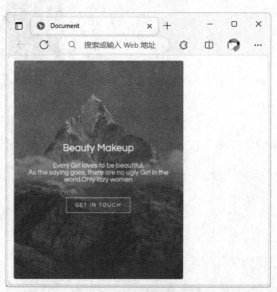

图 4-32 效果图

微课：基于定位属性，完成定位布局

要求：
(1) 文字层使用绝对定位，使文字内容在图像元素上居中显示。
(2) 保证图片内容不遮盖文字内容。
(3) 文字层设置透明度。
(4) 调节浏览器宽度和高度，文字居中效果始终符合预期。
(5) 使用定位知识将这个图片卡片水平垂直居中于浏览器窗口。

选择题

1. 定位是前端开发中用于控制元素在页面中的位置的一种布局技术。它有(　　)特点。
   A. 改变元素的内容　　　　　　　B. 控制元素的大小
   C. 控制元素的位置　　　　　　　D. 增加元素的透明度
2. (　　)属性用于控制元素的定位方式。
   A. display　　　B. position　　　C. margin　　　D. padding
3. 使用(　　)属性可以将元素相对于其正常文档流位置进行微调，同时保留其占用的空间。
   A. 相对定位　　　B. 绝对定位　　　C. 固定定位　　　D. 粘性定位
4. 绝对定位元素的位置是相对于(　　)进行计算的。
   A. 浏览器视口　　　　　　　　　B. 有定位属性的父元素
   C. 祖先元素　　　　　　　　　　D. 文档流中的其他元素
5. (　　)属性可以将元素固定在浏览器视口的特定位置，即使页面滚动。
   A. 相对定位　　　B. 绝对定位　　　C. 固定定位　　　D. 粘性定位
6. 粘性定位是一种介于(　　)之间的布局技术。
   A. 相对定位和绝对定位　　　　　B. 绝对定位和固定定位
   C. 相对定位和固定定位　　　　　D. 绝对定位和粘性定位
7. (　　)属性用于指定元素相对于其定位容器上方的偏移量。
   A. top　　　B. right　　　C. bottom　　　D. left
8. 使用固定定位的元素会随着页面滚动而保持在同一个位置，这个位置是相对于(　　)的。
   A. 父元素　　　　　　　　　　　B. 文档流中的其他元素
   C. 浏览器视口　　　　　　　　　D. 祖先元素
9. 粘性定位的行为取决于(　　)。
   A. 元素的内容　　　　　　　　　B. 元素的大小
   C. 元素的定位属性　　　　　　　D. 容器的滚动
10. 使用相对定位的元素移动后，(　　)。
    A. 周围的元素会跟随移动　　　　B. 周围的元素会保持不变
    C. 周围的元素会被隐藏　　　　　D. 周围的元素会变得透明

任务 4.4　登录页面布局

【涉及知识点】

本任务涉及的知识点如图 4-33 所示。

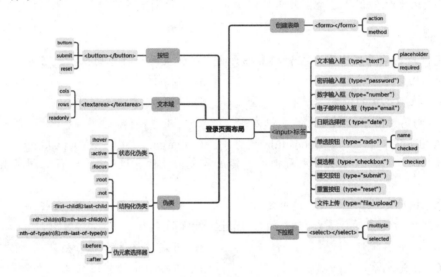

图 4-33　登录页面布局

学习目标

1. 理解 HTML 表单的作用，以及如何实现用户交互和数据收集。
2. 掌握<input>标签的不同类型、属性和用法，如文本框、密码框、数字框等。
3. 熟悉使用<select>标签创建下拉框，包括默认选项、多选模式和分组。
4. 理解使用<textarea>标签创建多行文本框的方法和设置。

4.4.1　表单的作用

表单(form)在 HTML 中是一种重要的交互元素，用于收集用户的输入数据，并将这些数据提交给服务器进行处理。表单的作用在于实现各种交互功能，如用户注册、登录、搜索、数据提交等。它为用户和网站之间的互动提供了一个界面，使用户能够向网站提交信息或执行操作。

1. 数据收集

表单允许网站收集用户提供的各种数据，如用户信息、意见反馈、订单信息、搜索关键词等。

2. 用户注册和登录

表单可以用于用户注册账号或登录，用户输入用户名和密码等信息，然后提交给服务器进行验证和处理。

3. 数据提交

用户可以通过表单提交数据到服务器，比如提交评论、发布文章、提交问卷等。

4. 文件上传

表单允许用户上传文件，比如图片、文档等，以供服务器处理或存储。

5. 用户反馈

表单可以用于收集用户的意见、建议、投诉等反馈信息，帮助网站改进和提供更好的用户体验。

6. 调查和问卷

表单可用于创建调查和问卷，收集用户的意见和数据，用于市场调研、用户分析等。

4.4.2 创建表单

在 HTML 中，表单由<form>标签定义，表单中的各种输入元素(如文本框、复选框、单选按钮等)用于收集特定类型的数据。通过表单，网站可以与用户进行交互，收集信息并将其传递给服务器，从而实现多种功能和业务流程。基础代码如下：

```
<form action="处理表单数据的URL" method="HTTP 请求方法">
  <!-- 表单内容(输入元素和按钮等) -->
</form>
```

1. action 属性

action 属性用于指定处理表单数据的 URL，即数据将被提交到哪个服务器端脚本或 URL 来进行处理，URL 可以是其他站点，也可以是站内其他文件。示例代码如下：

```
<form action="index.aspx"></form>
```

上述代码的作用是当提交表单时，将表单数据传递到名为 index.aspx 的页面进行处理。

2. method 属性

method 属性用于指定提交表单数据的 HTTP 请求方法。常见的方法有两种：get 和 post，其中 get 为 method 属性的默认值。①get 方式是将表单控件中的 name/value 信息经过编码之后，通过 URL 发送(可以在地址栏中看到)。get 请求传送的数据量较小，一般不能大于 2KB；②post 方式将表单的内容通过 HTTP 发送，在地址栏中看不到表单的提交信息，更加安全，而且 post 请求传送的数据没有长度限制。

只有一个表单是无法实现其功能的，需要通过表单的各种控件，用户才可以进行输入信息、从选项中选择、提交信息等操作。接下来介绍 HTML 5 常用的表单控件。

4.4.3 <input>标签

<input>标签是 HTML 中用于创建用户输入字段的标签。它可以用于接收各种不同类型的用户输入，例如文本、密码、数字、日期等。<input>是表单中最常用的元素之一，用于

收集和提交用户数据。一个基础的<input>标签代码如下所示。效果如图 4-34 所示。

```
<input type="类型">
```

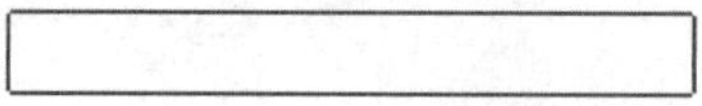

图 4-34 < input >效果

使用<input>标签创建用户输入字段时，可以使用多个属性来控制输入字段的行为和外观。以下是<input>标签的一些常用属性的详细内容。

1. name 属性

name 属性用于指定输入字段的名称。当用户提交表单时，服务器会根据这个名称来识别和处理对应的数据。

每个<input>元素都应该有唯一的 name 属性值，以确保表单数据的正确传递和处理。

如果有一个用户名输入框，可以使用 name="username"来标识这个输入字段的数据，代码如下：

```
<input type="text" name="username">
```

2. value 属性

value 属性用于设置输入字段的初始值。当用户打开页面时，输入字段将显示这个初始值。

对于文本输入框、密码输入框和数字输入框等，可以在 value 属性中设置默认值。对于单选按钮和复选框，value 属性定义了在表单提交时所传递的值。代码如下：

```
<input type="text" name="username" value="JohnDoe">
<input type="radio" name="gender" value="male"> 男性
<input type="radio" name="gender" value="female"> 女性
```

3. placeholder 属性

placeholder 属性用于设置输入字段的占位符文本，显示在输入字段中，用于指导用户输入内容。

当用户开始输入时，占位符文本会自动消失，给用户提供更多的输入空间，代码如下所示。效果如图 4-35 所示。

```
<input type="text" name="search" placeholder="请输入搜索关键词">
```

图 4-35 placeholder 属性效果

4. required 属性

required 属性用于将输入字段标记为必填项。如果用户没有填写这个字段，表单将无法提交。这有助于确保用户在提交表单之前提供了所需的信息。

需要注意的是，required 属性在验证时依赖于浏览器的支持，不应该完全依赖于它来确保数据的完整性，后端验证同样重要。示例代码如下：

```
<input type="email" name="email" required>
```

4.4.4 \<input>标签的不同类型

\<input>标签的 type 属性用于指定输入字段的类型，决定了用户在字段中输入的内容以及字段的外观和行为。不同的 type 值对应不同的输入方式，常见的\<input>类型包括：文本输入框、密码输入框、数字输入框、电子邮件输入框、日期选择框、单选按钮、复选框等。

1. text(文本输入框)

创建一个允许输入普通文本的文本框，用于输入任意文本，如用户名、评论等。代码如下：

```
<input type="text" name="username">
```

2. password(密码输入框)

创建一个隐藏输入内容的文本框，用于输入密码。输入的字符以"*"或"•"等形式显示。代码如下：

```
<input type="password" name="password">
```

3. number(数字输入框)

创建一个允许输入数字的文本框。可以加上 min 和 max 属性限制输入范围，一般用于年龄和数量的输入。代码如下：

```
<input type="number" name="age" min="0" max="100">
```

number 类型的\<input>元素对数字输入的限制是通过如表 4-4 所示的属性来实现的。

表 4-4 number 类型的\<input>元素的属性

属性	描述
max	规定允许的最大值
min	规定允许的最小值
step	规定合法的数字间隔(如 step=2，则合法的数是-2、0、2、4、6 等)
value	规定默认值

4. email(电子邮件输入框)

创建一个用于输入电子邮件地址的文本框。浏览器会验证输入内容是否符合电子邮件格式，用于电子邮件的输入。代码如下：

```
<input type="email" name="email">
```

5. date(日期选择框)

创建一个用于选择日期的输入框。浏览器会提供日期选择器，用户可以从中选择日期，用于生日、约会等日期的选择。代码如下：

```
<input type="date" name="birth_date">
```

效果如图 4-36 所示。

图 4-36　日期选择框效果

HTML 5 提供的 date pickers 类型(日期选择器)的选择框很大程度简化了这一过程，用户可以直接选择日期、时间等选项。

6．radio(单选按钮)

创建一组单选按钮，用户只能从其中选择一个选项。需要为每个按钮设置相同的 name 属性以将它们关联起来，常用于性别选择、选项选择等。代码如下：

```
<input type="radio" name="gender" value="male" checked> 男
<input type="radio" name="gender" value="female"> 女
```

其中，checked 属性表示页面加载时该单选按钮处于被选中状态。效果如图 4-37 所示。

◉ 男　○ 女

图 4-37　单选按钮效果

7．checkbox(复选框)

创建一个复选框，允许用户从多个选项中选择一个或多个，用于兴趣爱好选择、订阅选择等。代码如下：

```
<input type="checkbox" name="interest" value="sports" checked> 运动
<input type="checkbox" name="interest" value="music" checked> 音乐
```

checked 表示默认已选中。效果如图 4-38 所示。

☑ 运动　☑ 音乐

图 4-38　复选框效果

8. submit(提交按钮)

创建一个按钮，当用户单击时，会将表单中的信息提交给表单中的 action 所指向的文件，用于将用户输入的数据发送到服务器进行处理。代码如下：

```
<input type="submit" value="提交">
```

9. reset(重置按钮)

创建一个按钮，当用户单击时会重置表单中的所有输入字段为默认值。代码如下：

```
<input type="reset" value="重置">
```

提交按钮和重置按钮的效果如图 4-39 所示。

图 4-39　提交按钮、重置按钮效果

10. file(文件上传)

创建一个用于上传文件的输入字段，用户可以选择本地文件，然后将其上传到服务器。代码如下：

```
<input type="file" name="file_upload">
```

效果如图 4-40 所示。

图 4-40　文件上传效果

4.4.5　下拉框

在网页中，我们常需要让用户从预设的选项中进行选择。下拉框就是实现这一功能的典型表单控件。

1. 定义下拉框

下拉框使用 <select> 标签进行定义。<select> 中嵌套多个 <option> 标签，每个 <option> 指定一个可选项。代码如下：

```
<select>
  <option>选项一</option>
  <option>选项二</option>
</select>
```

2. 默认选项

<option> 标签可以设置 selected 属性指定默认选中的选项，代码如下：

```
<select>
 <option>选项一</option>
 <option selected>选项二</option>
</select>
```

未设置 selected 时,默认选中的是第一个选项。

3. 多选模式

给 <select> 添加 multiple 属性可以启用多选模式,多选模式下用户可以同时选择多个选项。默认情况下,选择多个选项时,需要使用 Ctrl 键选择。代码如下:

```
<select multiple>
 <option>选项一</option>
 <option>选项二</option>
 <option>选项三</option>
</select>
```

运行效果如图 4-41 所示。

4. 分组

当<option>选项过多时,可以使用 <optgroup> 对相关选项进行分组,代码如下:

```
<select>
 <optgroup label="组 1">
  <option>选项 1</option>
  <option>选项 2</option>
 </optgroup>
 <optgroup label="组 2">
  <option>选项 3</option>
  <option>选项 4</option>
 </optgroup>
</select>
```

<optgroup> 的 label 属性用于设置组名称。运行效果如图 4-42 所示。

图 4-41 多选效果

图 4-42 分组效果

4.4.6 文本域

在 HTML 中,文本域是一种用户输入元素,用于接收多行文本输入,比如长文本、评论、意见反馈等。文本域由<textarea>标签创建。示例代码如下:

```
<textarea name="textarea_name" id="textarea_id" rows="4" cols="50"></textarea>
```

1. rows 属性

rows 属性用来指定文本域显示的行数(高度)，这决定了文本域的默认高度。

2. cols 属性

cols 属性用来指定文本域显示的列数(宽度)，这决定了文本域的默认宽度。

3. 初始内容

可以在<textarea>标签之间放置初始内容，这将在文本域中显示出来。示例代码如下：

```
<textarea name="comments" id="comments" rows="8" cols="40">
  在这里输入您的初始内容
</textarea>
```

运行效果如图 4-43 所示。

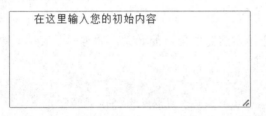

图 4-43　文本域效果

4.4.7　按钮

在 HTML 中，<button>标签用于创建按钮元素，允许用户在网页上进行交互操作，比如提交表单、触发事件或执行特定的操作。代码如下：

```
<button type="button">点击我</button>
```

type 属性用于指定按钮类型，常用的类型包括 button、submit、reset。

(1) button：普通按钮，无默认行为。
(2) submit：提交按钮，用于提交所在表单。
(3) reset：重置按钮，用于重置表单字段为默认值。

type 属性的默认值为 submit，如果不指定 type，按钮会被视为提交按钮。

4.4.8　伪类

前端开发中的伪类，通常是指 CSS 中的一种非常有用的选择器。伪类是用来选择元素的特定状态或位置的 CSS 选择器，允许我们以不同的方式样式化页面上的元素，而无需添加额外的 HTML 或 JavaScript 语句。伪类包含很多种，常用的伪类有:hover、:active、:focus 等。

1. 状态化伪类选择器

1):hover 伪类

:hover 伪类用于选择处于鼠标悬停状态的元素。这是一个非常常见的伪类,用于创建交互式效果。例如,可以将链接在鼠标悬停时更改为不同的颜色,代码如下:

```css
a:hover {
  color: #ff0000; /* 鼠标悬停时的颜色 */
}
```

2):active 伪类

:active 伪类用于选择处于激活(通常是被单击)状态的元素。这可以用于创建按钮单击效果,示例代码如下:

```css
button:active {
  background-color: #00ff00; /* 点击时的背景颜色 */
}
```

3):focus 伪类

:focus 伪类用于选择当前获取焦点的元素,通常用于表单元素,以增强可访问性并提供视觉反馈。示例代码如下:

```css
input:focus {
  border-color: #0000ff; /* 获取焦点时的边框颜色 */
}
```

2. 结构化伪类选择器

使用结构化伪类选择器,可以根据 HTML 文件结构选择对应的元素,直接设置样式。CSS 3 中增加了许多新的结构化伪类选择器,方便开发者精准地控制元素样式。常用的结构化伪类选择器有:root 选择器、not 选择器、:first-child 选择器、:last-child 选择器等。

1):root 选择器

:root 选择器用于选择文件根元素。在 HTML 中,根元素是指<html>元素。因此使用:root 选择器定义的样式对所有页面元素生效。示例代码如下:

```css
:root {
  font-size:18px;  /*页面中所有的文本字号设置为18px*/
}
```

2):not 选择器

:not 选择器用于选择除设置的元素或属性之外的元素。示例代码如下:

```css
p:not(.no) {
  color:red;  /*为 class 属性值不是 no 的<p>元素设置样式*/
}
```

3):first-child 选择器和:last-child 选择器

:first-child 选择器和:last-child 选择器的用法类似。:first-child 选择器用于选择父元素中的第一个子元素;:last-child 选择器用于选择父元素中的最后一个子元素。示例代码如下:

```
p:first-child {
  color:red;   /*为第一个<p>元素设置样式*/
}
p:last-child {
  color:blue;  /*为最后一个<p>元素设置样式*/
}
```

4) :nth-child(n)选择器和:nth-last-child(n)选择器

CSS 3 引入了:nth-child(n)选择器和:nth-last-child(n)选择器,其中 n 是自定义正整数,用于选择对应位置的子元素,:nth-child(n)从第一个元素开始记数,:nth-last-child(n)从最后一个元素开始记数。例如,:nth-child(2)用于选择父元素中的第二个子元素。示例代码如下:

```
p:nth-child(2) {
  font-size:18px;   /*为第二个<p>元素设置样式*/
}
p:nth-last-child(2) {
  font-size:12px    /*为倒数第二个<p>元素设置样式*/
}
```

5) :nth-of-type(n)选择器和:nth-last-of-type(n)选择器

:nth-of-type(n)选择器和:nth-last-of-type(n)选择器用于选择父元素中特定类型的第 n 个子元素和倒数第 n 个子元素,n 的取值为正整数。示例代码如下:

```
p:nth-of-type(2){
  color:#f00;  /*为第二个<p>元素设置样式*/
}
p:nth-last-of-type(n) {
  color:#12dd65;   /*为倒数第二个<p>元素设置样式*/
}
```

3. 伪元素选择器

伪元素选择器主要用来模拟 HTML 标签的效果,相当于在 HTML 标签中创建一个有内容的虚拟容器,在不改变 HTML 标签结构的情况下,为其设置对应的样式。所谓伪元素,就是在 DOM 结构中本来不存在,而且通过 CSS 创建出来的元素。下面主要介绍常用的伪元素选择器::before 选择器和::after 选择器,用于向指定元素的前面或后面加入特定的内容,为开发人员提供了一种可以通过 CSS 来改变网页内容的有效途径。

1) ::before 选择器

::before 选择器用于在被选择的元素的前面插入内容,在使用::before 选择器时必须配合 content 属性指定要插入的具体内容。基础代码如下:

```
元素::before{
  content:文本/URL();
}
```

在上述代码格式中,被选择的元素位于::before 之前,{}中的 content 属性用来指定要插入的具体内容,可以是文本也可以是图片的 URL。示例代码如下:

```
ul li::before{
  content: "你好!";  /*使用 content 属性指定要添加的具体内容*/
}
```

2) ::after 选择器

::after 选择器用于在被选择的元素的后面插入内容，其使用方法与::before 选择器相同。示例代码如下：

```
ul li::after{
    content: "~~~";
}
```

效果如图 4-44 所示。

图 4-44 使用伪元素选择器插入内容

◆ 注意：伪元素选择器的标准写法中使用双冒号，但目前在实际使用时也支持使用单冒号。

【实战记录活页手册】

实战任务

完成商城用户登录页面的开发。

实战内容

微课：登录网页布局

1) 完成登录页面的 HTML 结构搭建
(1) 新建文件 login.html，生成 HTML 固定格式代码。
(2) 完成表单整体结构的开发，代码如下：

```
<div class="login-container">
    <div class="logo">

    </div>
    <form action="" method="post">

    </form>
</div>
```

(3) 在类名为 logo 的<div>中添加 logo 的结构，代码如下：

```
<div class="logo">
  <img src="./img/logo.png" alt=" ">
  <span>优选</span>
```

```
</div>
```

修改后效果如图 4-45 所示。

图 4-45　logo 效果

(4) 在<form>标签中添加表单元素，代码如下：

```
<form action="" method="post">
  <div class="form-item">
    <label for="username">用户名</label>
    <input type="text" >
  </div>
  <div class="form-item">
    <label for="password">密码</label>
    <input type="password" >
  </div>
  <div class="form-item">
    <button type="submit">登录</button>
  </div>
</form>
```

修改后效果如图 4-46 所示。

图 4-46　表单效果

2) 完成表单样式美化

(1) 在 login.html 中引入 login.css，代码如下：

```
<head>
  <meta charset="UTF-8">
<meta name="viewport" content="width=device-width, initial-scale=1.0">
  <title>Document</title>
  <link rel="stylesheet" href="./css/login.css">
</head>
```

(2) 打开 login.css 文件，完成网页样式布局。

(3) 给<body>设置样式，让表单居中显示，代码如下：

```
body {
```

```
background: #f2f2f2;
display: flex;
justify-content: center;
align-items: center;
height: 100vh;
}
```

设置后效果如图 4-47 所示。

图 4-47 表单居中效果

(4) 给 .login-container 类元素设置样式，设置宽高和阴影效果。代码如下：

```
.login-container {
   background: #fff;
   border-radius: 8px;
   box-shadow: 0 0 10px rgba(0, 0, 0, 0.1);
   padding: 20px;
   width: 400px;
}
```

设置后效果如图 4-48 所示。

图 4-48 .login-container 类元素效果

(5) 给页面中的元素定义样式，代码如下：

```
.logo {
   display: flex;
   justify-content: center;
   align-items: center;
}
.logo img {
   margin-right: 10px;
}
```

```css
form {
    display: flex;
    flex-direction: column;
}
.form-item {
    display: flex;
    flex-direction: column;
    margin-bottom: 15px;
    align-items: flex-start;
}
label {
    font-weight: bold;
    margin-bottom: 5px;
}
input {
    padding: 10px;
    border: 1px solid #1E4C2F;
    width: 100%;
    border-radius: 3px;
    box-sizing: border-box;
}
button {
    background: #1E4C2F;
    color: #fff;
    padding: 10px 20px;
    border: none;
    border-radius: 3px;
    cursor: pointer;
}
button:hover {
    background: #154026;
}
```

设置完成后效果如图 4-49 所示。

图 4-49 登录页面效果

【学生活动手册】

实操题

完成注册页面的布局。效果如图 4-50 所示。

微课：注册页面

图 4-50 注册页面效果

要求：

(1) 样式和登录页面一致。

(2) 要有确认密码的输入框。

选择题

1. 表单的主要作用是(　　)。
   A. 显示网站内容　　　　　　　　B. 收集用户输入数据
   C. 展示图片和视频　　　　　　　D. 控制页面布局
2. (　　)不是表单常用的功能。
   A. 用户注册　　B. 文件下载　　C. 数据提交　　D. 用户反馈
3. 在 HTML 中，用于定义表单的标签是(　　)。
   A. <form>　　B. <input>　　C. <submit>　　D. <button>
4. (　　)属性用于指定处理表单数据的 URL。
   A. action　　B. method　　C. name　　D. type
5. 在 HTML 中，用于创建文本输入框的标签是(　　)。
   A. <text>　　　　　　　　　　　B. <textbox>
   C. <input type="text">　　　　D. <textarea>
6. 如果想要创建一个密码输入框，应该使用以下哪个 type 属性？(　　)
   A. type="password"　　　　　　B. type="text"
   C. type="email"　　　　　　　　D. type="number"
7. (　　)属性用于设置输入字段的初始值。
   A. value　　B. initial　　C. default　　D. initial-value

8. (　　)属性用于设置输入字段的占位符文本。
   A. hint　　　　　B. placeholder　　C. text　　　　　D. guide
9. 如果要创建一个单选按钮，应该使用以下哪个 type 属性？(　　)
   A. type="select"　　　　　　　　B. type="radio"
   C. type="checkbox"　　　　　　　D. type="button"
10. (　　)标签用于创建下拉框。
    A. <dropdown>　　B. <listbox>　　C. <select>　　D. <option>

思 政 引 领

主题：创新与社会主义建设

随着技术的不断进步，CSS 也在不断地发展和创新，提供了更多的可能性和灵活性以满足复杂和多样的需求。在社会主义建设中，创新是推动发展的重要动力。它不仅体现在科技、经济方面，也体现在文化和艺术中。

在我国的现代化进程中，创新被视为核心驱动力。前端开发也不例外，使用 CSS 的进阶功能不仅可以提升用户体验，也能在某种程度上推动社会进步，例如提供更加便捷和人性化的在线服务。

因此，作为一名专业的前端开发者，追求技术创新不仅是提升个人能力的需求，也是国家和社会发展的需要。

讨论或思考题

(1) 你如何看待创新在社会主义现代化建设中的作用？

(2) 在前端开发中，你认为哪些技术或理念具有创新性？

(3) 从个人到社会，如何更好地将创新融入到日常工作和生活中，以推动社会主义建设？

学 习 笔 记

项目 4 网页样式 CSS 进阶						
学号		姓名		班级		
重要知识点记录						
任务 4.1						自评
任务 4.2						自评
任务 4.3						自评
任务 4.4						自评
实战总结(结果分析)						
任务 4.1						
任务 4.2						
任务 4.3						
任务 4.4						
在本次项目训练中遇到的问题						
本次项目训练评分						
知识点掌握 (20%)	实战完成情况及总结 (30%)	活动实施 (30%)	解决问题情况 (10%)	自评 (10%)	综合成绩	

项目 5
CSS 3 高级应用

项目内容

项目 5 利用 CSS 3 属性中的弹性盒子、动画和过渡效果等样式，完成两个任务的开发案例。

任务 5.1 将完成网页中弹性盒子布局的操作。在这个任务中，需要完成网页中元素的弹性盒子属性设置，实现网页整体布局的效果。效果如图 5-1 所示。

图 5-1 任务 5.1 效果图

任务 5.2 将完成网页中动画效果的设置。在这个任务中需要给网页中相关元素添加合适的过渡及动画效果，给用户带来更好的交互体验。效果如图 5-2 所示。

图 5-2 任务 5.2 效果图

任务 5.1 网页布局

【涉及知识点】

本任务涉及的知识点如图 5-3 所示。

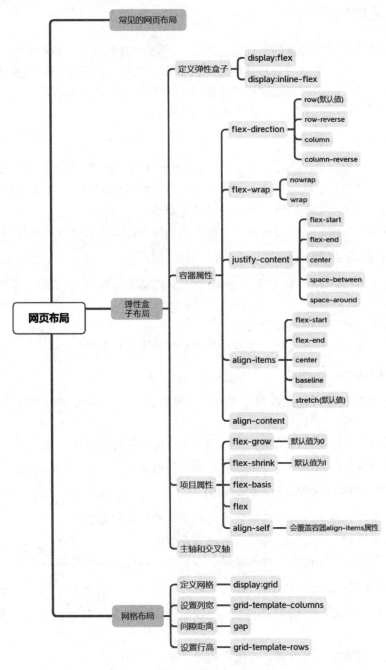

图 5-3 网页布局

学习目标

1. 了解弹性盒子布局原理。
2. 掌握容器属性。
3. 掌握项目属性。

5.1.1 常见的网页布局

网页布局就是对网页内容的布局进行规划，将主次内容进行归纳和区分。即以最适合浏览的方式，将图片、文字等内容遵循一定的原则，放置到页面不同的位置给用户提供良好的浏览阅读体验。网页布局是网页页面优化的重要环节，在一定程度上提升网站的整体美观。下面介绍几种网页布局，了解其各自的优缺点。

1．流式布局(fluid layout)

流式布局使用相对单位(如百分比)来定义元素的宽度和高度，使页面布局能够根据浏览器窗口大小自动调整。这意味着在不同设备上，页面可以保持相对一致的外观。

优点：适应性强，能够适应各种屏幕尺寸和设备。

缺点：在非常大或非常小的屏幕上可能需要做额外的处理，以确保内容仍然可读。

2．固定布局(fixed layout)

固定布局使用固定单位(通常是 px)来定义元素的宽度和高度，元素的位置和大小在不同设备上保持不变。

优点：精确控制元素的位置和大小。

缺点：不适应不同屏幕尺寸，可能在小屏幕设备上出现问题。

3．浮动布局(float layout)

浮动布局使用 CSS 浮动属性将元素移动到容器的左侧或右侧，并允许其他内容环绕在其周围。

优点：适用于旧版本的浏览器，可以创建文本环绕图片等效果。

缺点：容易引发布局问题，不适合复杂的布局需求。

4．绝对定位布局(absolute positioning)

绝对定位布局允许将元素精确放置在父容器内的指定位置。

优点：精确控制元素位置，适用于创建层叠效果。

缺点：元素脱离了文档流，可能需要小心处理，以避免重叠问题。

5．响应式布局(responsive layout)

响应式布局使用媒体查询和 CSS 来根据不同的屏幕尺寸和设备的特性，调整页面的布局和样式。

优点：在不同设备上提供良好的用户体验，提高可访问性。

缺点：需要额外的 CSS 和布局工作，可能复杂一些。

6．弹性盒子布局(flexbox layout)

弹性盒子布局是一种强大的布局模型，用于在容器内分配可变空间，并控制项目在容器内的对齐方式和顺序。

优点：简化了复杂布局的实现，适用于各种情况，包括垂直和水平居中对齐。

缺点：在处理多个嵌套的 flex 容器时，可能需要小心处理，以避免出现意外行为。

7．网格系统(grid system)

网格系统是一种基于列的布局方法，通常用于构建网页的基本结构。它将页面分成若干列，开发人员可以将内容放置在这些列中，以实现一致的布局。

优点：简化了网页设计，提高了一致性。

缺点：可能对于特定的设计需求不够灵活。

8．网格布局(grid layout)

网格布局，又称栅格布局，允许开发人员以网格方式放置元素，可以更精确地控制元素的位置和排列。

优点：适用于复杂的二维布局，可实现复杂的网页设计。

缺点：对于简单布局，可能会显得过于复杂。

9．多列布局(multi-column layout)

多列布局允许将文本和其他内容分成多列，适用于创建报纸式或杂志式的布局。

优点：提供更好的文本阅读体验，特别是在大屏幕上。

缺点：不适用于所有类型的内容。

10．混合布局(combination layout)

混合布局是将多种布局方法结合在一起，以满足不同部分的布局需求。在一个页面中可以同时使用流式布局、弹性盒子布局、网格布局等。

优点：灵活性强，可以根据具体需求选择不同的布局方式。

缺点：需要谨慎处理不同布局方式之间的交互和兼容性问题。

网页布局的方法经过早期开发者的探索，从最早依靠<table>标签实现的布局，逐步演变为通过<div>标签配合浮动和定位等 CSS 属性实现的布局，这是一个很大的飞跃和进步。但是利用<div>及其他的普通的 HTML 标签作为通用的元素，并不具备专门的布局性质。因此，开发人员在使用他们实现各种网页布局效果时，还是比较麻烦。而且这种方法也不够灵活，对于很多布局效果无能为力。为此，CSS 3 中引入了专门用于网页布局的新工具，其中最主要的两个工具是弹性盒子布局和网格布局。

本书将重点介绍弹性盒子布局和网格布局。

5.1.2 弹性盒子布局

1．弹性盒子原理

弹性盒子(flexbox)是一种用于页面布局的 CSS 模块，旨在提供更加灵活的方式来设计和组织网页上的元素。它引入了弹性容器和弹性项目的概念，使得元素能够更加自适应地分布、对齐和伸缩，以适应不同的屏幕尺寸和布局需求。

弹性盒子布局的核心原理包括以下几个关键概念。

1) 弹性容器(flex container)

弹性容器是应用了 display: flex; 或 display: inline-flex; 属性的父元素。它创建了一个弹性上下文，其中的子元素(弹性项目)将按照一定的规则进行排列和分布。

2) 弹性项目(flex item)

弹性容器内的每个子元素都被称为弹性项目。这些项目可以根据弹性盒子布局的规则进行排列、对齐和伸缩。

3) 主轴(main axis)和交叉轴(cross axis)

弹性容器具有主轴和交叉轴两个方向，这两个方向在不同的情况下有不同的表现。主轴是弹性项目的排列方向，默认是水平的，也可以是垂直的，交叉轴垂直于主轴。

如图 5-4 所示为弹性盒子的构成。

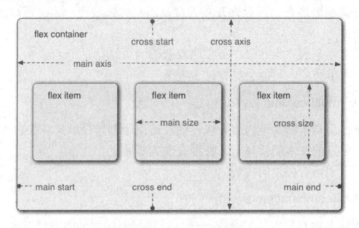

图 5-4　弹性盒子的构成

2．容器属性

弹性容器(flex container)是应用了 display: flex; 或 display: inline-flex; 属性的父元素，它定义了弹性盒子布局的上下文。示例代码如下：

```
.flex-container {
  display: flex;
}
.flex-container {
  display: inline-flex;
}
```

弹性容器属性用于控制弹性容器内部弹性项目的排列、对齐和分布方式。以下是一些常用的弹性容器属性。

(1) flex-direction：指定弹性项目在父容器中的排列方向，如图 5-5 所示。可选值如下。

◎　row：默认值，水平方向，从左到右排列。

◎　row-reverse：水平方向，从右到左排列。

◎ column:垂直方向,从上到下排列。
◎ column-reverse:垂直方向,从下到上排列。

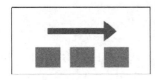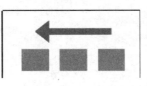

图 5-5 弹性项目在父容器中的排列方向

示例代码如下:

```
.flex-container {
  display: flex;
  flex-direction: row; /* 横向排列 */
}
```

效果如图 5-6 所示。

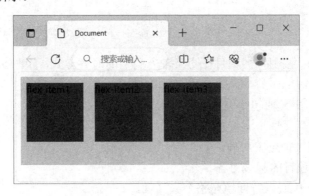

图 5-6 弹性项目横向排列

(2) flex-wrap:控制弹性项目是否换行,以及换行时如何排列。可选值如下。
◎ nowrap:默认值,不换行,所有项目在一行显示。如图 5-7 所示。

图 5-7 弹性项目不换行

◎ wrap:换行,多行显示,从上到下排列。如图 5-8 所示
◎ wrap-reverse:换行,多行显示,从下到上排列。如图 5-9 所示。

图 5-8 flex-wrap 取值 wrap 的效果   图 5-9 flex-wrap 取值 wrap-reverse 的效果

示例代码如下：

```
.flex-container {
  display: flex;
  flex-wrap: wrap; /* 换行 */
}
```

（3）justify-content：控制弹性项目在主轴方向上的对齐方式，如图 5-10 所示。可选值如下。

◎ flex-start：默认值，左对齐。
◎ flex-end：右对齐。
◎ center：居中对齐。
◎ space-between：两端对齐，项目之间的间隔平均分布。
◎ space-around：每个项目两侧都有空间，项目之间和两端的间隔均匀分布。

示例代码如下：

```
.flex-container {
  display: flex;
  justify-content: center; /* 居中对齐 */
}
```

（4）align-items：控制弹性项目在交叉轴方向上的对齐方式，如图 5-11 所示。可选值如下：

◎ flex-start：交叉轴起始位置对齐。
◎ flex-end：交叉轴末尾位置对齐。
◎ center：交叉轴居中对齐。
◎ baseline：项目的基线对齐。
◎ stretch：默认值，拉伸填充整个交叉轴。

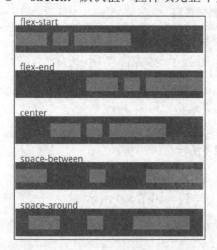

图 5-10 弹性项目在主轴方向上的对齐方式

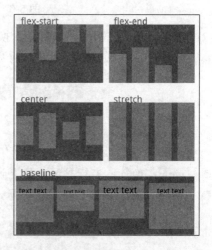

图 5-11 弹性项目在交叉轴方向上的对齐方式

示例代码如下：

```
.flex-container {
  display: flex;
```

```
  align-items: flex-start; /* 顶部对齐 */
}
```

(5) align-content：在有多行内容的情况下，控制行与行之间的对齐方式。可选值和 justify-content 类似。

示例代码如下：

```
.flex-container {
  display: flex;
  flex-wrap: wrap; /* 允许多行布局 */
  align-content: space-between; /* 在行之间均匀分布，上下贴紧容器 */
}
```

效果如图 5-12 所示。

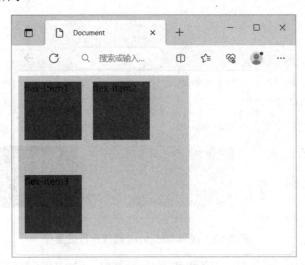

图 5-12　应用 align-content 属性运行效果

(6) flex-flow：flex-direction 和 flex-wrap 的缩写属性。例如：flex-flow: row wrap; 表示从左到右排列，同时换行。

示例代码如下：

```
.flex-container {
  flex-flow: row wrap; /* 设置主轴方向为横向排列，同时允许换行 */
}
```

这些弹性容器属性帮助开发者通过简单的设置，实现各种布局需求，包括项目的排列方向、换行方式、对齐方式等。通过灵活地组合这些属性，可以创建多样性和响应式的布局效果。

3．项目属性

弹性盒子的核心在于它的可伸缩性，在本质上依赖 3 个项目属性：flex-grow、flex-shrink、flex-basis。这 3 个属性需要应用在弹性项目上，而不是容器上，用来改变弹性项目的大小，以使弹性项目更好地填充容器在主轴方向的可用空间。

(1) flex-grow：这个属性定义项目在剩余空间中增长的比例，即当容器按基准宽度容纳了所有弹性项目之后还有剩余空间时，如何处理弹性项目的宽度。该属性值是无单位的，表示在所有剩余空间中，该弹性项目会分配到的空间所占的"份数"。

默认值为 0，表示项目不会在可用空间多于其本身所需的情况下增长。如果所有项目的 flex-grow 都为 1，则它们将平均分配可用空间。

示例代码如下：

```
.flex-item1 {
 flex-grow: 1;
}
.flex-item2 {
 flex-grow: 2;
}
.flex-item3 {
 flex-grow: 1;
}
```

运行效果如图 5-13 所示。

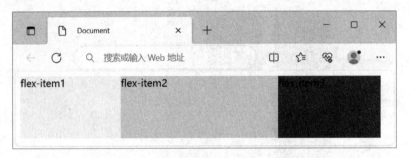

图 5-13　应用 flex-grow 属性运行效果

（2）flex-shrink：这个属性的含义和 flex-grow 类似，但方向正好相反，定义项目在空间不足时缩小的比例。当容器宽度小于所有弹性项目的基准宽度总和时，"不够"的空间也需要所有弹性项目一起分担，该值表示各个弹性项目需要缩小的空间占总共要缩小的空间的"份数"。默认值为 1，表示项目会等比例地缩小以适应可用空间的变化。如果某个项目的 flex-shrink 设置为 0，则该项目不会缩小。

示例代码如下：

```
.flex-item {
 flex-shrink: 1; /* 缩小为原来的二分之一 */
}
```

（3）flex-basis：这个属性定义项目在弹性容器内的初始尺寸。默认情况下，它是 auto，表示项目的本来尺寸。可以将其设置为固定值（如 flex-basis: 200px;）或百分比（如 flex-basis: 50%;）。

示例代码如下：

```
.flex-item {
 flex-basis: 20%; /* 初始大小为 20% */
}
```

（4）flex：这是一个缩写属性，包括三个子属性：flex-grow、flex-shrink 和 flex-basis。

它用于控制项目在弹性容器内伸缩的行为。例如，flex: 1 0 auto; 表示项目会等比例地增长，但不会缩小，并保持其原始尺寸。

示例代码如下：

```
.flex-item {
  flex: 1 1 0; /* 合并属性 */
}
```

(5) align-self：这个属性用于控制单个项目在交叉轴方向上的对齐方式，覆盖了弹性容器的 align-items 属性。它的可选值如下。

◎ auto：继承父容器的 align-items 属性。
◎ flex-start：交叉轴的起始位置对齐。
◎ flex-end：交叉轴的末尾位置对齐。
◎ center：交叉轴居中对齐。
◎ baseline：项目的基线对齐。
◎ stretch：默认值，拉伸填充整个交叉轴。

示例代码如下：

```
.flex-item2 {
  align-self: flex-end; /* 底部对齐 */
}
```

运行效果如图 5-14 所示。

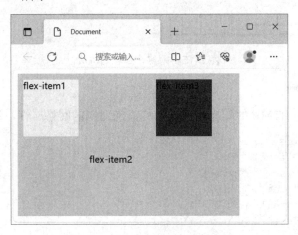

图 5-14　底部对齐效果

(6) order：这个属性用于定义项目的显示顺序，通过设置一个整数值来实现。默认值为 0，值越小越靠前显示。通过改变项目的 order 值，可以轻松地调整项目在布局中的排列顺序。

示例代码如下：

```
.item-1 {
  order: 3; /* 该项目的排列顺序为 3 */
}
.item-2 {
  order: 1; /* 该项目的排列顺序为 1 */
```

```
}
.item-3 {
  order: 2; /* 该项目的排列顺序为 2 */
}
```

5.1.3 网格布局

网格是由一系列水平及垂直的线构成的一种布局模式。使用网格布局，能够将设计元素进行排列，实现设计一系列具有固定位置以及宽度的元素的页面，使得网站页面更加统一美观。

一个网格容器(container)通常具有许多的列(column)与行(row)，以及行与行、列与列之间的间隙，这个间隙一般被称为沟槽(gutter)。如图 5-15 所示。

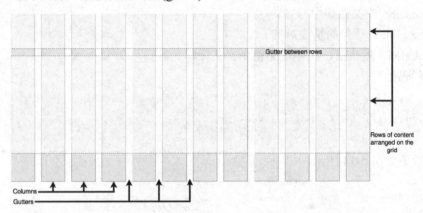

图 5-15　网格布局容器构成

1．定义网格布局

完成一个网页的 HTML 的结构，根据结构添加对应的网格属性，代码如下：

```
<div class="container">
  <div class="item">1</div>
  <div class="item">2</div>
  <div class="item">3</div>
  <div class="item">4</div>
  <div class="item">5</div>
  <div class="item">6</div>
  <div class="item">7</div>
</div>
```

给网页中的项目设置基础的 CSS 样式，代码如下：

```
.item {
  width: 100px;
  height: 100px;
  background: #cfe9de;
  border: 3px solid #4ae9a6;
  border-radius: 10px;
}
```

设置后效果如图 5-16 所示。

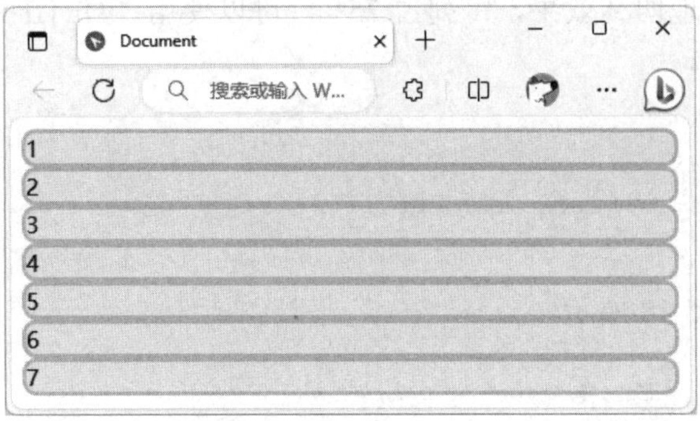

图 5-16 设置基础样式

要设置元素为网格容器，可以使用 display 属性，将容器的 display 值设置为 grid，代码如下：

```
.container {
  display: grid;
}
```

设置该属性后，布局不会有变化，但是现在 .container 类元素已经是一个网格容器了，它内部的元素会受到网格的影响从而实现不同的布局操作。

2. 设置列宽度

利用 grid-template-columns 属性设置网格的列宽度及数量，代码如下：

```
选择器 {
    grid-template-columns: l1 l2 l3 ln;
}
```

其中 l1、l2、l3、ln 分别为列宽度，写几个值就代表几列。

给 .container 类容器设置 3 列，每列宽度为 200px，代码如下：

```
.container {
  display: grid;
  grid-template-columns: 200px 200px 200px;
}
```

效果如图 5-17 所示。

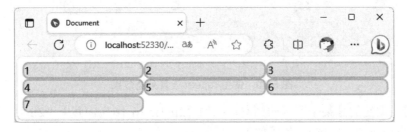

图 5-17 设置列宽度效果

列宽也可以使用 fr 来表示，fr 的全称为 fraction，意思是份数。利用 fr 可以设置不同的比例。例如，想要实现四列效果，每列占 25%，可以使用 "1fr 1fr 1fr 1fr" 来表示。代码如下：

```css
.container {
  display: grid;
  grid-template-columns: 1fr 1fr 1fr 1fr;
}
```

设置后效果如图 5-18 所示。

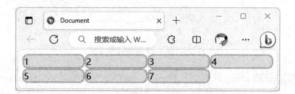

图 5-18　使用 fr 设置列宽效果

改变浏览器的窗口宽度，列宽等比放大。效果如图 5-19 所示。

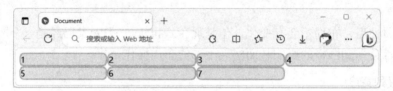

图 5-19　列宽等比放大效果

还可以使用 repeat 来重复构建具有某些宽度配置的列，比如上面的 "1fr 1fr 1fr 1fr" 就可以修改成 repeat(4, 1fr)，4 表示重复 4 次。代码如下：

```css
.container {
  display: grid;
  grid-template-columns: repeat(4, 1fr);
}
```

效果如图 5-20 所示。

图 5-20　使用 repeat 设置列宽效果

如果需要重复的是某个不同的列宽，比如 "2fr 1fr 2fr 1fr"，其中 "2fr 1fr" 是重复的，就可以使用 repeat(2, 2fr 1fr)，代码如下：

```css
.container {
  display: grid;
```

```
  grid-template-columns: repeat(2, 2fr 1fr);
}
```

显示的效果如图 5-21 所示。

图 5-21　使用 repeat 重复多组数据

3．间隙距离

间隙在网格布局中用 gap 表示，定义 gap 有以下三个属性。
◎　column-gap：定义列间距。
◎　row-gap：定义行间距。
◎　gap：同时定义行列间距。

给网格容器中的项目设置间距，代码如下：

```
.container {
  display: grid;
  grid-template-columns: 200px 200px 200px;
  gap: 10px 20px;
}
```

也可以使用"column-gap: 20px; row-gap: 10px;"表示"gap: 10px 20px;"的效果。效果如图 5-22 所示。

图 5-22　设置行列间距

4．设置行高度

利用属性 grid-template-rows 可以实现行高度的设置，并且可以设置网格容器中行的数量，如果元素不够行的数量，则对应的行显示为空白，但实际有空间。代码如下：

```
选择器 {
    grid-template-rows: r1 r2 r3 rn;
}
```

设置行高为 100px，代码如下：

```
.container {
  display: grid;
  grid-template-columns: repeat(2, 2fr 1fr);
```

```
grid-template-rows: 100px 100px 100px;
}
```

设置后效果如图 5-23 所示。

图 5-23 设置行高效果

5．minmax()函数

设置固定的行高后，会导致内容无法撑开对应的元素，那么如何实现自动高度并且有一个最小高度。可以使用 minmax()函数来解决这个问题。代码如下：

```
选择器 {
grid-template-rows: minmax(100px, auto);
}
```

第一个值表示最小高度，第二个值表示最大高度，使用 auto 表示自动高度。

【实战记录活页手册】

实战任务

完成项目中弹性盒子属性的设置。

微课：弹性盒子
topbar banner
分类

实战内容

1) 设置弹性盒子属性

(1) 打开 index.css，修改网页中元素的盒模型属性。

(2) 修改顶部导航栏的样式，添加弹性盒子属性，使元素横向排列，代码如下：

```
.topbar .header{
 display: flex;
 align-items: center;
 justify-content: space-between;
}
```

修改后效果如图 5-24 所示。

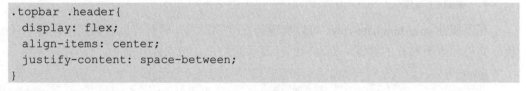

图 5-24 导航栏效果

(3) 设置"下一页"按钮的弹性盒子属性,代码如下:

```css
.next {
  display: flex;
  align-items: center;
  justify-content: center;
}
```

设置后效果如图 5-25 所示。

图 5-25 "下一页"按钮效果

(4) 设置精选分类模块的弹性盒子属性,完成分类布局,代码如下:

```css
.header-title {
  display: flex;
  align-items: center;
  justify-content: space-between;
}
.header-title a {
  display: flex;
  align-items: center;
  justify-content: center;
}
.category-body {
  display: flex;
  justify-content: space-between;
}
.category-body .category-item {
  display: flex;
  flex-direction: column;
  align-items: center;
  justify-content: center;
}
```

修改后效果如图 5-26 所示。

图 5-26 精选分类效果

(5) 设置热门商品模块的弹性盒子属性,代码如下:

```
.product-header{
  display: flex;
  flex-direction: column;
  align-items: center;
}
.product-list {
  display: flex;
  flex-wrap: wrap;
  justify-content: space-between;
}
.product-list .product-item {
  display: flex;
  flex-direction: column;
}
.product-list .product-item .product-img {
  display: flex;
  align-items: center;
  justify-content: center;
}
.product-list .product-img .favorite {
  display: flex;
  align-items: center;
  justify-content: center;
}
.product-item .product-title {
  display: flex;
  align-items: center;
  justify-content: space-between;
}
.product-item .product-score {
  display: flex;
  align-items: center;
}
```

微课:弹性盒子商品布局

修改后效果如图 5-27 所示。

图 5-27　热门商品模块效果

(6) 修改"加载更多"按钮的弹性盒子属性，代码如下：

```
.load {
  display: flex;
  justify-content: center;
  align-items: center;
}
```

修改后效果如图 5-28 所示。

图 5-28　"加载更多"按钮效果

(7) 修改热门资讯模块的弹性盒子属性，代码如下：

```
.news-list {
  display: flex;
  justify-content: space-between;
}
```

微课：弹性盒子
资讯服务版权

修改后效果如图 5-29 所示。

图 5-29 热门资讯模块效果

(8) 修改服务模块及版权信息模块的弹性盒子属性，代码如下：

```css
.service {
  display: flex;
  justify-content: space-between;
}
.service .links {
  display: flex;
}
.service .link-list {
  display: flex;
  flex-direction: column;
}
.copyright {
  display: flex;
  align-items: center;
  justify-content: space-between;
}
.copy-link {
  display: flex;
  align-items: center;
}
```

修改后效果如图 5-30 所示。

图 5-30 服务模块和版权信息模块效果

2) 添加 banner 区域二级导航列表

(1) 在 index.html 中给 banner 区域添加一级导航菜单。代码如下：

```
<ul class="submenu mica">
 <li class="link">手机</li>
 <li class="link">电脑</li>
 <li class="link">家电</li>
 <li class="link">小家电</li>
 <li class="link">笔记本</li>
 <li class="link">衣服</li>
 <li class="link">耳机</li>
 <li class="link">配件</li>
 <li class="link">箱包</li>
 <li class="link">路由器</li>
</ul>
```

微课：弹性盒子
二级菜单布局

(2) 给每个<li>添加一个左箭头图片，代码如下：

```
<li class="link">手机
 <img width="15" src="./img/icon/arrow-right.png" alt="">
</li>
```

其余代码和该操作相同。设置完成后，效果如图 5-31 所示。

图 5-31　一级导航菜单效果

(3) 设置一级导航菜单的样式。代码如下：

```
.submenu {
 position: absolute;
 top: 0;
 left: 0;
 width: 234px;
 background: rgba(255, 255, 255, 0.4);
 z-index: 10;
}
.submenu .link {
 height: 42px;
 display: flex;
 align-items: center;
```

```
  justify-content: space-between;
  padding: 0 20px;
  color: #1E4C2F;
}
```

设置完成后效果如图 5-32 所示。

(4) 鼠标移入菜单项时，需要修改对应菜单项的背景颜色和字体颜色，代码如下：

```
.submenu .link:hover {
  background: #1E4C2F;
  color: #fff;
}
```

设置完成后效果如图 5-33 所示。

图 5-32 一级导航菜单样式优化

图 5-33 鼠标移入菜单项效果

(5) 给一级菜单添加二级菜单结构，代码如下：

```
<li class="link">
  手机
  <img width="15" src="./img/icon/arrow-right.png" alt="">
  <div class="menu-list">

  </div>
</li>
```

(6) 添加后，在类名为.menu-list 的<div>中添加商品信息，代码如下：

```
<div class="menu-list">
  <a href="#">
    <img src="./img/menu/930ddc941c1e6c81042406440e88ac45.png" alt="">
    <span>手机 10</span>
  </a>
  <a href="#">
    <img src="./img/menu/827fae95d0f1d75f1535ef93e357b2af.png" alt="">
    <span>手机 10s</span>
```

```html
    </a>
    <a href="#">
      <img src="./img/menu/824c4687123c4b7f0b82d4659461530e.png" alt="">
      <span>手机 14pro</span>
    </a>
    <a href="#">
      <img src="./img/menu/232c1ede1284125cc4dcee5c7565d8fe.png" alt="">
      <span>手机 mini</span>
    </a>
    <a href="#">
      <img src="./img/menu/c78e75c31419d36353d29456450eee26.png" alt="">
      <span>手机 mix</span>
    </a>
    <a href="#">
      <img src="./img/menu/bdfa6656603fa56ab60500c8cd1b5cb8.png" alt="">
      <span>手机 14</span>
    </a>
    <a href="#">
      <img src="./img/menu/b34e14c8896df008e17e73e5cfdd3e2c.png" alt="">
      <span>手机 11max</span>
    </a>
</div>
```

(7) 设置二级菜单样式，代码如下：

```css
.menu-list {
  position: absolute;
  top: 0;
  left: 234px;
  background: #fff;
  height: 420px;
  color: #000;
  flex-direction: column;
border: 1px solid #f5f5f5;
  box-sizing: border-box;
}
.menu-list a {
  display: flex;
  align-items: center;
  height: 70px;
  width: 265px;
  padding: 18px 20px;
  box-sizing: border-box;
  font-size: 14px;
}
.menu-list a img {
  margin-right: 10px;
}
```

设置后效果如图 5-34 所示。

图 5-34 二级菜单样式

(8) 设置默认情况下隐藏二级菜单，代码如下：

```
.menu-list {
  ……
  display: none;
}
```

(9) 当鼠标移入对应的一级菜单项时，二级菜单显示，就可以实现鼠标移入菜单项显示二级菜单的效果，代码如下：

```
.submenu .link:hover .menu-list {
  display: flex;
}
```

【学生活动手册】

实操题

基于网格布局，完成下面的布局。效果如图 5-35 所示。

微课：网格布局

图 5-35 网格布局效果

图 5-35 网格布局效果(续)

要求：
(1) 基于网格布局。
(2) 分析网格布局和弹性盒子布局的区别。

选择题

1. (　　)是弹性容器(flex container)。
   A. 应用了 display: flex; 或 display: inline-flex; 的子元素
   B. 应用了 display: flex; 或 display: inline-flex; 的父元素
   C. 弹性项目的概念
   D. 弹性项目的排列方向
2. 弹性盒子(flexbox)的核心原理包括(　　)关键概念。
   A. 弹性容器和主轴　　　　　　　　B. 弹性容器和弹性项目
   C. 主轴和交叉轴　　　　　　　　　D. 主轴和弹性项目
3. 用于控制弹性容器内部弹性项目的排列、对齐和分布方式的弹性容器属性是(　　)。
   A. flex-grow　　　B. flex-direction　　　C. flex-shrink　　　D. align-items
4. flex-direction 属性用于指定弹性项目在(　　)轴上的排列方向。
   A. 主轴　　　　　B. 交叉轴　　　　　C. 对角轴　　　　　D. 斜轴
5. flex-wrap 属性用于控制弹性项目是否换行以及换行时的排列方式，(　　)值表示不换行，所有项目在一行显示。
   A. wrap　　　　　B. nowrap　　　　　C. wrap-reverse　　　D. flex-start
6. justify-content 属性用于控制弹性项目在主轴上的对齐方式，(　　)值表示居中对齐。
   A. flex-start　　　B. flex-end　　　　C. center　　　　　D. space-between

7. align-items 属性用于控制弹性项目在交叉轴上的对齐方式,(   )值表示拉伸填充整个交叉轴。

    A. flex-start   B. flex-end   C. center   D. stretch

8. 项目属性 flex 由(   )三个子属性组成。

    A. flex-grow、flex-shrink 和 flex-basis

    B. flex-direction、flex-wrap 和 justify-content

    C. align-items、align-content 和 align-self

    D. flex-start、flex-end 和 flex-center

9. flex-grow 属性定义(   )。

    A. 项目在空间不足时缩小的比例   B. 项目在剩余空间中增长的比例

    C. 项目在弹性容器内的初始尺寸   D. 项目的显示顺序

10. align-self 属性用于控制单个项目在交叉轴上的对齐方式,其默认值是(   )。

    A. auto   B. flex-start   C. flex-end   D. stretch

任务 5.2　网页过渡和动画效果

【涉及知识点】

本任务涉及的知识点如图 5-36 所示。

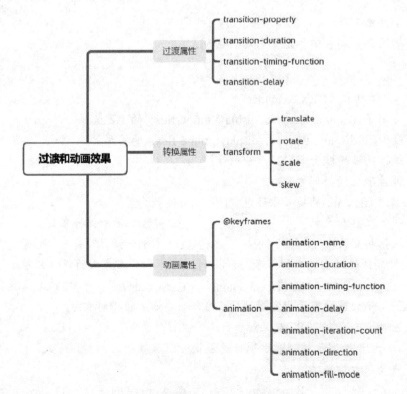

图 5-36　过渡和动画效果

学习目标

1. 掌握过渡属性的使用。
2. 掌握动画属性的使用。

5.2.1 过渡属性

过渡(transition)是一种在 CSS 中控制元素属性平滑变化的技术。通过使用过渡属性，可以使元素属性的变化过程变得平滑，而不是突然发生。过渡通常用于鼠标悬停、单击或其他交互事件发生时，为元素添加动画效果。可以将过渡理解为一种弱化的动画。

使用过渡需要满足以下两个条件。

◎ 元素必须具有状态变化
◎ 必须为每个状态设置不同的样式。

过渡相关的属性共有 4 个：transition-property、transition-duration、transition-timing-function 和 transition-delay。

1. transition-property

指定要过渡的 CSS 属性。可以设置一个或多个属性，以逗号分隔。示例代码如下：

```
选择器 {
  transition-property: width, height, background-color;
}
```

2. transition-duration

指定过渡的持续时间，以秒(s)或毫秒(ms)为单位。示例代码如下：

```
选择器 {
  transition-duration: 0.5s; /* 过渡持续时间为0.5s */
}
```

3. transition-timing-function

定义过渡的时间曲线，即变化速度的模式。常见的值包括：ease(默认值)、linear、ease-in、ease-out、ease-in-out 等。示例代码如下：

```
选择器 {
  transition-timing-function: ease-in-out; /* 缓入缓出效果 */
}
```

(4) transition-delay

设置过渡开始前的延迟时间，以秒(s)或毫秒(ms)为单位。

```
选择器 {
  transition-delay: 0.2s; /* 延迟0.2s后开始过渡 */
}
```

综合使用这些过渡属性，可以实现将元素从一个状态平滑地变化到另一个状态的效果。以下是一个完整的例子，展示了如何在鼠标悬停时使按钮颜色平滑过渡。

```
.button {
  background-color: #3498db; /* 初始背景色 */
  color: white;
  padding: 10px 20px;
  border: none;
  cursor: pointer;
  transition-property: background-color; /* 过渡的属性 */
  transition-duration: 0.3s; /* 过渡的持续时间 */
  transition-timing-function: ease-in-out; /* 过渡的时间曲线 */
}
.button:hover {
  background-color: #2980b9; /* 鼠标悬停时的背景色 */
}
```

在上述代码中,当鼠标悬停在按钮上时,按钮的背景色将平滑地从初始颜色变为悬停时的颜色,创建了一个平滑过渡的效果。

5.2.2 转换属性

transform 是一个在前端开发中常用的 CSS 属性,用于对元素进行变换。通过使用 transform 属性,可以实现各种动画效果,如旋转、缩放、平移和倾斜等变换效果,而无需改变元素的文档流位置。

使用 transform 属性的代码如下:

```
.element {
  transform: 属性值;
}
```

使用 transform 可以进行元素的平移、旋转、缩放、倾斜变换,这些变换分别对应了一个 transform 函数。

1. 平移(translate)

用于移动元素的位置,可以使元素沿 x 轴和 y 轴方向进行移动。代码如下:

```
transform: translate(x, y);
```

其中, x 和 y 表示水平和垂直方向上的位移,可以使用 px、百分比等单位。

下面是一个实现元素平移变换的案例,代码如下:

```
.moving-box {
  width: 100px;
  height: 100px;
  background-color: #3498db;
  position: relative;
}
/* 使用:hover 伪类来定义悬停状态下的平移 */
.moving-box:hover {
  transform: translateX(50px);
}
```

HTML 结构代码如下:

```
<dir class="moving-box"></div>
```

效果如图 5-37 所示，鼠标移入和移出后元素位置的对比。

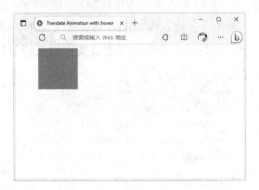

图 5-37 元素平移效果

2. 旋转(rotate)

使元素围绕其中心点进行旋转，基础代码如下:

```
transform: rotate(angle);
```

其中，angle 表示旋转的角度，可以是正数或负数，正数为顺时针旋转，负数为逆时针旋转。

下面是一个实现元素旋转变换的案例，代码如下:

```
.rotating-box {
  width: 100px;
  height: 100px;
  background-color: #3498db;
  position: relative;
  transition: transform 1s ease-in-out;
}
.rotating-box:hover {
  transform: rotate(45deg);
}
```

HTML 结构代码如下:

```
<div class="rotating-box"></div>
```

效果如图 5-38 所示。

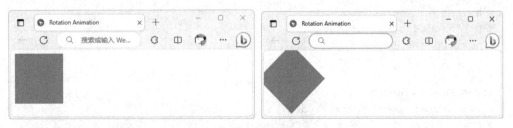

图 5-38 元素旋转效果

3. 缩放(scale)

按比例缩放元素,代码如下:

```
transform: scale(x, y);
```

其中,x 和 y 表示水平和垂直方向上的缩放比例,值为初始大小的倍数。

下面是一个实现元素缩放变换的案例,代码如下:

```
.scaling-box {
  width: 100px;
  height: 100px;
  background-color: #3498db;
  position: relative;
  transition: transform 1s ease-in-out;
}
.scaling-box:hover {
  transform: scale(1.2);
}
```

HTML 结构代码如下:

```
<div class="scaling-box"></div>
```

效果如图 5-39 所示。

图 5-39 元素缩放效果

4. 倾斜(skew)

对元素进行倾斜变换,代码如下:

```
transform: skew(x-angle, y-angle);
```

x-angle 和 y-angle 表示水平和垂直方向上的倾斜角度。

下面是一个实现元素倾斜变换的案例,代码如下:

```
.skewing-box {
  width: 100px;
  height: 100px;
  background-color: #3498db;
  position: relative;
  transition: transform 1s ease-in-out;
}
.skewing-box:hover {
  transform: skew(20deg, 10deg);
}
```

HTML 结构代码如下：

```
<div class="skewing-box"></div>
```

效果如图 5-40 所示。

图 5-40 元素倾斜效果

transform 中可以同时使用多个变化函数，称之为组合变换。以实现复合变换效果。例如，同时平移和旋转一个元素，代码如下：

```
transform: translate(50px, 20px) rotate(45deg);
```

5.2.3 动画属性

CSS 动画是一种用于在网页上创建平滑过渡和交互效果的技术，由"一组定义的动画关键帧"和"描述该动画的 CSS 声明"两部分构成。可以使用@keyframes 规则定义动画的关键帧，然后使用 animation 属性声明将动画应用于元素，以创建各种动态效果。

1. @keyframes

@keyframes 规则是 CSS 中用于定义关键帧动画的一种方式，它允许在动画序列中指定不同的关键帧，从而控制元素在动画过程中的状态和属性变化。

通常使用@keyframes 规则来定义关键帧动画，可以指定多个百分比关键帧，以及每个关键帧上的 CSS 属性值。@keyframes 规则包括动画名称、任何动画断点以及对应的动画属性。示例代码如下：

```
/* 定义一个名为slide的关键帧动画 */
@keyframes slide {
  0% {
    transform: translateX(0);
  }
  50% {
    transform: translateX(50px);
  }
  100% {
    transform: translateX(100px);
  }
}
```

上面的示例定义了一个名为 slide 的关键帧动画，其中包含了三个关键帧(0%、50%、100%)，每个关键帧指定了元素在不同时间点上的 transform 属性值，即对应的动画状态。

除了使用百分比作为关键帧之外，也可以使用关键词 from 和 to 作为开始和结束的关键帧，分别对应0%和100%。

2. animation

animation 是一个复合属性，其中包含了诸多子属性。animation 的作用是定义动画的相关属性，包括指定具体动画及动画时长等行为，通过 animation 属性可以将@keyframes 中定义的动画规则，绑定到对应的元素上。基础代码如下：

```
animation:name duration timing-function delay iteration-count direction fill-mode play-state;
```

1) animation-name

animation-name 属性指定要应用到元素的关键帧动画名称。示例代码如下：

```
/* 定义关键帧动画 */
@keyframes slide {……}
/* 应用关键帧动画到元素 */
选择器 {
  animation-name: slide;
}
```

2) animation-duration

animation-duration 属性定义动画完成一个周期所需的时间，单位通常为秒(s)或毫秒(ms)。示例代码如下：

```
/* 设置动画持续时间为 2s */
选择器 {
  animation-duration: 2s;
}
```

3) animation-timing-function

animation-timing-function 属性定义动画的时间曲线，控制动画在整个周期内的变化速度。示例代码如下：

```
/* 使用 ease-in-out 时间曲线 */
选择器 {
  animation-timing-function: ease-in-out;
}
```

4) animation-delay

animation-delay 属性定义动画开始之前的延迟时间，单位通常为秒(s)或毫秒(ms)。示例代码如下：

```
/* 设置动画延迟 1s 开始 */
选择器 {
  animation-delay: 1s;
}
```

5) animation-iteration-count

animation-iteration-count 属性定义动画的重复次数，可以是一个数字或 infinite(无限次)。示例代码如下：

```
/* 动画无限重复 */
选择器 {
  animation-iteration-count: infinite;
}
```

6) animation-direction

animation-direction 属性定义动画播放的方向,可以是 normal(正向)或 reverse(反向)。示例代码如下:

```
/* 动画反向播放 */
选择器 {
  animation-direction: reverse;
}
```

7) animation-fill-mode

animation-fill-mode 属性定义了动画在播放前和播放后如何应用样式。可以是 none、forwards、backwards 或 both。示例代码如下:

```
/* 动画结束后保持最后一帧的样式 */
选择器 {
  animation-fill-mode: forwards;
}
```

如果要把上面的属性写在一个属性中,就可以使用 animation 属性,代码如下:

```
选择器 {
  animation: 属性值;
}
```

下面是一个实现正方形向上、下移动的动画案例,代码如下:

```
@keyframes move {
  0% {
    transform: translateY(0);
  }
  50% {
    transform: translateY(100px);
  }
  100% {
    transform: translateY(0);
  }
}
.box {
  width: 100px;
  height: 100px;
  background-color: #3498db;
  position: relative;
  animation: move 2s linear infinite;
}
```

HTML 结构代码如下：

```
<div class="box"></div>
```

展示的效果如图 5-41 所示。

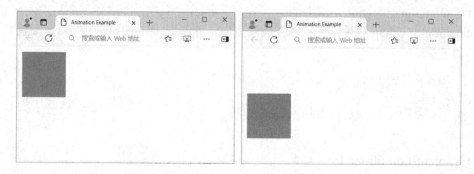

图 5-41　正方形向上向下移动动画效果

【实战记录活页手册】

微课：过渡效果

实战任务

给网页添加属性实现过渡变化效果。

实战内容

(1)　打开 index.css。

(2)　给网页中<a>标签添加鼠标移入后颜色变化的效果。代码如下：

```
.topbar .header .menu a{
  transition: all .3s;
}
.topbar .header .menu a:hover {
  color: #1E4C2F;
}
```

添加该代码后，鼠标移入菜单中的超链接时，超链接的颜色会有一个渐变效果。

(3)　给网页中的按钮添加鼠标移入后背景变化的效果。代码如下：

```
.header-title a {
  transition: all .3s;
}
.header-title a:hover {
  color: #fff;
  background: #1E4C2F;
}
```

【学生活动手册】

实操题

1. 实现当鼠标移入一个宽高都是 100px 的红色块时，红色块变成蓝色

微课：过渡动画

块,并且宽度变成200px,高度变成50px,添加过渡效果,过渡时长为5s。

2. 实现一个动画,让一个宽高为100px的红色块,从红色变成蓝色,再变成绿色,然后再从绿色回到蓝色再变回红色,此过程执行4次。

选择题

1. 过渡属性用于控制元素属性的平滑变化,通常用于(　　)交互事件下为元素添加动画效果。

   A. 页面加载　　　B. 鼠标悬停　　　C. 键盘输入　　　D. 窗口关闭

2. (　　)属性用于指定要过渡的属性。

   A. transition-property　　　　　B. transition-duration
   C. transition-timing-function　　D. transition-delay

3. (　　)属性用于指定过渡的持续时间。

   A. transition-property　　　　　B. transition-duration
   C. transition-timing-function　　D. transition-delay

4. (　　)属性用于定义过渡的时间曲线。

   A. transition-property　　　　　B. transition-duration
   C. transition-timing-function　　D. transition-delay

5. (　　)属性用于设置过渡开始前的延迟时间。

   A. transition-property　　　　　B. transition-duration
   C. transition-timing-function　　D. transition-delay

6. 动画属性 animation 包含(　　)子属性。

   A. animation-name、animation-duration、animation-timing-function、animation-delay
   B. transition-property、transition-duration、transition-timing-function、transition-delay
   C. animation-direction、animation-iteration-count、animation-fill-mode
   D. animation-name、animation-duration、animation-timing-function、animation-delay、animation-iteration-count、animation-direction、animation-fill-mode

7. (　　)属性用于定义动画的关键帧名称。

   A. animation-name　　　　　　B. animation-duration
   C. animation-timing-function　D. animation-delay

8. animation-timing-function 属性用于定义(　　)。

   A. 动画的持续时间　　　　B. 动画的时间曲线
   C. 动画的延迟时间　　　　D. 动画的重复次数

9. (　　)伪类用于选择处于鼠标悬停状态的元素。

   A. :active　　　B. :focus　　　C. :hover　　　D. :visited

10. (　　)伪类用于选择处于激活(通常是被鼠标单击)状态的元素。

    A. :active　　　B. :focus　　　C. :hover　　　D. :visited

思 政 引 领

主题：技术进步与社会和谐

  CSS 3 作为 CSS 的最新标准，引入了许多先进的设计和功能，使网页设计更加丰富和多元。它不仅提供了更好的用户体验，也促进了信息更加平等和便捷的传播。这与社会主义核心价值观中追求的社会和谐和公平正义有密切的关系。

  在我国，信息平等是社会和谐的一部分。因此，精通 CSS 3 不仅可以让你成为更优秀的前端开发者，也意味着你具备了通过技术手段促进社会和谐、减少信息不平等的能力。

讨论或思考题

(1) 怎样通过前端开发技术(如 CSS 3)来实现更加平等的信息传播？

(2) 在你看来，技术如何能够帮助实现社会的和谐与公平？

(3) 在追求技术进步的同时，如何确保不会加剧社会的信息不平等现象？

学 习 笔 记

项目 5　CSS 3 高级应用					
学号		姓名		班级	
重要知识点记录					
任务 5.1				自评	
任务 5.2				自评	
实战任务总结(结果分析)					
任务 5.1					
任务 5.2					
在本次项目训练中遇到的问题					
本次项目训练评分					
知识点掌握 (20%)	实战完成情况及总结 (30%)	活动实施 (30%)	解决问题情况 (10%)	自评 (10%)	综合成绩

项目 6

移动端网页开发

项目内容

项目 6 通过对移动端适配方案及移动端项目开发实际应用的学习,实现两个任务开发案例。

任务 6.1 将完成 VSCode 开发移动端网站的插件配置。

任务 6.2 将完成移动端网页的开发。该网页包含电商网站的头部、搜索框、banner、商品分类、超划算、商品列表等多个模块。效果如图 6-1 所示。

图 6-1 任务 6.2 效果图

任务 6.1 移动端布局

【涉及知识点】

本任务涉及的知识点如图 6-2 所示。

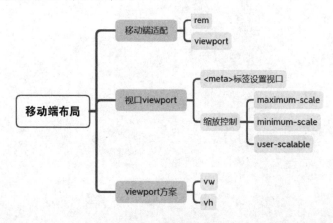

图 6-2 移动端布局

学习目标

1. 了解移动端适配。
2. 掌握视口适配方案。

6.1.1 移动端适配

动画：移动端开发 vw 适配方案

移动端设备的尺寸种类很多，而 UI 设计稿一般只会基于一个尺寸(一般是 750px)进行设计。假如开发人员完全基于该设计稿进行开发，就会出现一种现象，在不同尺寸的设备上，页面的展示效果各不相同，甚至可能出现布局错乱或者出现横向滚动条等情况。因此，开发人员就需要考虑如何让页面内容能够自适应设备尺寸，在设备尺寸较大时内容大一些，设备尺寸小的时候内容也能缩小，让页面在不同尺寸的设备上尽量呈现一致的展示效果。

目前流行的移动端适配方案有两种，rem 和 viewport，由于 viewport 方案得到众多浏览器的兼容，现在更多的人推荐使用 viewport 方案来解决移动端适配问题。下面将对这两个方案做一个大致的介绍。

6.1.2 视口

视口(viewport)是指浏览器用来渲染网页内容的可见区域，通常是用户在屏幕上看到的部分。在移动端 Web 开发中，视口的管理非常重要，因为不同设备有不同的屏幕尺寸和分辨率。

1. <meta> 标签设置视口

为了确保移动设备上的网页能正确缩放和适应屏幕，可以使用<meta>标签来设置视口。代码如下：

```
<meta name="viewport" content="width=device-width, initial-scale=1">
```

width=device-width：将视口的宽度设置为设备屏幕的宽度，确保网页内容不会超出屏幕。

initial-scale=1：设置初始缩放级别为 1，即不进行缩放。

2. 缩放控制

通过设置 maximum-scale 和 minimum-scale 属性，可以限制用户是否可以手动缩放页面。通常，禁止用户手动缩放可以提供更一致的用户体验。

```
<meta name="viewport" content="width=device-width, initial-scale=1, maximum-scale=1, user-scalable=no">
```

maximum-scale：设置用户可以缩放的最大级别。

minimum-scale：设置用户可以缩放的最小级别。

user-scalable：设置是否允许用户手动缩放。

6.1.3 viewport 方案

viewport 方案即是使用 vw/vh 作为样式单位。vw、vh 将 viewport 分成了一百等份，1vw 等于视口 1%的宽度，1vh 等于视口 1%的高度。当我们的设计稿是 750 px 时，1vw 就等于 7.5 px。例如，750 px 的设计稿下，divA 的宽度为 50 px，如果使用 vw 作为样式单位，divA 的宽度 x 计算公式为：x:50 = 1:7.5，那么 divA 的宽度 x 就是 6.67vw。

vw 作为布局单位，从底层解决了不同尺寸屏幕的适配问题，每个屏幕的百分比是固定的、可预测的、可控制的。

从实际开发工作出发，现在设计图都是统一使用 iPhone6 的视觉设计稿(即宽度为 375 px 或双倍 750 px)，那么 100 vw=750 px，即 1vw = 7.5 px。如果设计稿上某一元素的宽度为 x px，那么其对应的 vw 值则可以通过 vw = x / 7.5 来计算得到。这个计算方式比较烦琐。因此，在实际开发中，可以借助 VSCode 的插件帮助我们解决问题。

【实战记录活页手册】

实战任务

完成 px2vw 插件的安装及配置。

微课：移动端
插件安装

实战内容

(1) 在 VSCode 插件库中找到 px2vw 插件，如图 6-3 所示。

(2) 单击"安装"按钮，进行插件的安装。

(3) 安装完成后，进行插件的设置操作。单击右下角齿轮图标，在打开的菜单中选择"扩展设置"命令。如图 6-4 所示。

图 6-3 插件安装　　　　　　　　　　图 6-4 选择"扩展设置"命令

(4) 在打开的设置界面中，把第二项中的 750 修改为 375，如图 6-5 所示。

图 6-5 修改设置

(5) 修改完成后,关闭设置界面即可。

(6) 创建一个自定义的 CSS 文件。

(7) 在文件中输入任意选择器及属性,并设置属性值为像素值,进行插件的测试,如图 6-6 所示。

(8) VSCode 自动弹出计算的值后,选择 vw 值,100 px 会自动转换为 13.3333 vw,如图 6-7 所示。

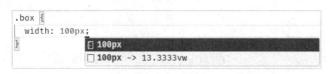

图 6-6 测试插件操作

图 6-7 测试插件结果

【学生活动手册】

实操题

分别基于设计图宽度 375 px、414 px、750 px、1080 px 完成插件 px2vw 的配置。配置后,针对下面的属性进行转换,得到最终转换后的 vw 值。

```
.box {
  width: 100px;
  height: 200px;
}
```

选择题

1. 移动端设备的尺寸多种多样,UI 设计稿通常基于(　　)尺寸进行设计。

　　A. 1080 px　　　　B. 750 px　　　　C. 1440 px　　　　D. 320 px

2. 为什么在不同尺寸的移动设备上,基于设计稿进行开发可能会导致页面展示效果不同?

　　A. 设备尺寸不同导致分辨率不同　　B. 设备尺寸不同导致颜色不同

　　C. 设备尺寸不同导致字体大小不同　D. 设备尺寸不同导致图片不同

3. 目前流行的移动端适配方案有(　　)。

　　A. px 和 em　　　　　　　　　　B. rem 和 viewport

　　C. vh 和 vw　　　　　　　　　　D. % 和 pt

4. (　　)是视口。

　　A. 浏览器的标签页　　　　　　　B. 用户在屏幕上看到的部分

　　C. 网页的背景颜色　　　　　　　D. 设备的操作系统

5. 使用( )标签来设置视口以确保网页在移动设备上可以正确缩放和适应屏幕。
   A. <meta name="viewport" content="width=device-width">
   B. <meta name="mobile-scale" content="1">
   C. <meta name="screen-size" content="responsive">
   D. <meta name="resolution" content="auto">
6. 初始缩放级别为 1 表示( )。
   A. 禁止用户手动缩放　　　　　　　B. 网页默认以原始大小显示
   C. 网页默认以最小缩放级别显示　　D. 网页默认以最大缩放级别显示
7. 通过设置 maximum-scale 和 minimum-scale 属性，可以限制用户是否可以手动缩放页面。这有助于提供( )的用户体验。
   A. 更多的缩放选项　　　　　　　　B. 更一致的用户体验
   C. 更大的字体大小　　　　　　　　D. 更多的交互功能
8. 在 viewport 方案中，1vw 等于( )。
   A. 1 px　　　　B. 7.5 px　　　　C. 10 px　　　　D. 100 px
9. 如果设计稿的宽度是 375px，那么 100vw 等于( )？
   A. 100 px　　　B. 375 px　　　　C. 750 px　　　　D. 7.5 px
10. 在实际开发中，如果设计稿上某一元素的宽度为 x px，其对应的 vw 值应该如何计算？
    A. vw = x / 100　　B. vw = x / 10　　C. vw = x / 7.5　　D. vw = x * 10

任务 6.2　移动端网站开发

【涉及知识点】

本任务涉及的知识点如图 6-8 所示。

图 6-8　移动端网站开发

学习目标

掌握设备仿真模式的使用。

6.2.1　设备仿真模式

设备仿真模式是目前主流浏览器的开发者工具中的一个功能，它的主要作用是模拟不同设备的屏幕大小、分辨率和用户代理字符串，以便开发人员可以更好地测试和优化网页的响应性和外观。以下是设备仿真模式的主要作用。

响应式设计测试：设备仿真模式允许开发人员在不同设备上模拟网页的外观和布局。

这对于测试响应式设计非常有用，因为开发人员可以查看网页在不同屏幕尺寸下的表现，以确保内容在各种设备上都能够正确显示和自适应布局。

性能优化：通过模拟不同设备的性能和屏幕分辨率，开发人员可以评估网页在各种条件下的加载速度和性能。这有助于识别和解决潜在的性能问题，以提高用户体验感。

用户代理测试：用户代理字符串是浏览器向服务器发送的标识信息，用于识别浏览器和设备的类型。通过设备仿真模式，开发人员可以测试网页在不同用户代理下的行为，以确保网页能够正确地处理不同类型的设备和浏览器。

用户体验测试：通过模拟不同设备，开发人员可以测试网页的用户体验，包括触摸屏设备上的交互、字体大小和排列等。这有助于确保用户无论使用什么设备浏览和操作网页都有良好的体验感。

移动开发调试：对于移动应用和网站开发人员，设备仿真模式是一个强大的工具，可以在开发过程中模拟各种移动设备，从而节省时间和资源，减少在实际设备上进行测试的需求。

总之，设备仿真模式是开发者工具中的一个重要功能，可帮助开发人员确保他们的网页在不同设备和浏览器上都能够正常运行，并提供一致的用户体验。这对于跨平台开发和网页性能优化非常有帮助。

6.2.2 进入设备仿真模式

在 Chrome 浏览器的 DevTools 中使用设备仿真模式时，可以模拟不同设备的屏幕大小和分辨率，以便测试网页的响应性。

打开 Chrome 浏览器后，打开 DevTools。

打开 DevTools，有以下几种不同的方法。

(1) 使用快捷键：按下 Ctrl + Shift + I(在 Windows/Linux 上)或 Cmd + Option + I(在 Mac 上)。

(2) 右击页面上的任何元素，然后选择"检查"或 Inspect 命令。

(3) 在 Chrome 菜单中选择"更多工具"命令，然后选择"开发者工具"命令。

打开 DevTools 后，在 DevTools 中，找到切换设备仿真模式图标 。该图标用于切换到设备仿真模式。通常在 DevTools 的右上角。

进入设备仿真模式后，会默认进入到一个设备的模拟状态中。可以选择不同的设备进行测试，如图 6-9 所示。

配置视口和分辨率：在选择设备后，可以进一步配置视口大小和分辨率。这些选项通常会显示在 DevTools 的底部或右侧。可以手动输入要模拟的屏幕分辨率，或选择其中一个预设选项。

刷新页面：在选择设备和配置视口后，建议刷新网页，以便网页重新加载并按照所选设备的仿真参数进行呈现。

退出设备仿真模式：完成测试后，可以单击设备仿真模式的图标或关闭 DevTools 窗口来退出设备仿真模式。

图 6-9　设备仿真模式

【实战记录活页手册】

实战任务

完成移动端网站开发。

实战内容

1. 创建项目

(1) 创建一个项目文件夹，命名为移动端项目，如图 6-10 所示。

图 6-10　项目文件夹

(2) 用 VSCode 打开移动端项目。如图 6-11 所示。

(3) 在项目中新建 img 文件夹，并把素材库中的移动端项目中的素材图片复制到 img 中。

(4) 创建 index.html 文件，并生成 HTML 基本结构。

(5) 创建 css 目录，并且在 css 目录中新建一个 index.css 文件，如图 6-12 所示。

图 6-11 移动端项目目录 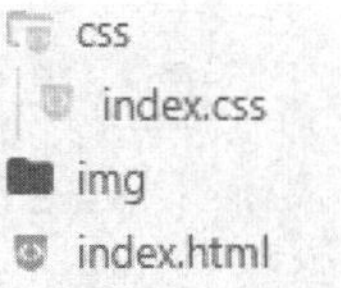　　　　图 6-12 index.css

(6) 在 index.html 的 \<head\> 标签中，引入 index.css。代码如下：

```
<link rel="stylesheet" href="./css/index.css">
```

(7) 在 index.html 的 \<body\> 标签中完成网页整体结构的搭建。代码如下：

```
<div class="topbar"></div>
<div class="box">
  <div class="search"></div>
  <div class="banner"></div>
  <div class="category"></div>
  <div class="cost"></div>
  <div class="card-list"></div>
  <div class="products">
    <div class="product-category"></div>
    <div class="product-list"></div>
  </div>
</div>
<div class="tabbar"></div>
```

2．完成顶部模块的开发

(1) 完成顶部模块 topbar 的开发，该模块中涉及定位图标、文字、扫一扫图标、消息图标，使用\<div\>元素将其划分。代码如下：

```
<div class="topbar">
  <div class="address">
    <img src="./img/icon/address.png" alt="">
    <span>海淀区中关村大厦</span>
  </div>
  <div class="tools">
    <img src="./img/icon/scan.png" alt="">
    <img src="./img/icon/message.png" alt="">
  </div>
</div>
```

微课：移动端
布局——
topbar 区域

(2) 打开浏览器，切换到设备仿真模式，效果如图 6-13 所示。

图 6-13 顶部效果

(3) 打开 index.css，在 index.css 中设置顶部模块的样式，代码如下：

```css
.topbar {
  background: #40AE36;
  color: #fff;
  display: flex;
  justify-content: space-between;
  align-items: center;
  padding: 4vw;
}
.topbar .address {
  display: flex;
  align-items: center;
  font-size: 4vw;
}
.topbar .tools {
  display: flex;
  align-items: center;
}
.topbar .tools img {
  margin-left: 2.6667vw;
}
```

(4) 刷新浏览器，添加 CSS 样式后的顶部效果如图 6-14 所示。

图 6-14　添加样式后顶部效果

3. 完成搜索模块的开发

(1) 完成搜索框的 HTML 代码编写，代码如下：

```html
<div class="search">
    <img src="./img/icon/search.png" alt="">
    <input type="text" placeholder="吃出美好生活">
</div>
```

微课：移动端布局
——搜索框和
banner

(2) 给搜索框添加对应的 CSS 样式，代码如下：

```css
.box {
  padding: 2.6667vw 4vw;
}
.search {
  display: flex;
  align-items: center;
  background: #EDEFF2;
  height: 10.6667vw;
  border-radius: 5.3333vw;
  padding: 0 5.3333vw;
}
.search input {
  margin-left: 2.6667vw;
```

```
  border: none;
  background: transparent;
}
```

(3) 刷新浏览器，搜索框效果如图 6-15 所示。

图 6-15 搜索框效果

4．完成 banner 区域及商品分类模块的开发

(1) 完成 banner 区域的 HTML 代码编写，代码如下：

```
<div class="banner">
    <img src="./img/banner.png" alt="">
</div>
```

(2) 给 banner 区域添加对应的 CSS 样式，代码如下：

```
.banner {
  margin-top: 3.7333vw;
}
.banner img {
  border-radius: 2.6667vw;
  width: 100%;
}
```

(3) 刷新浏览器，banner 区域效果如图 6-16 所示。

图 6-16 banner 区域效果

微课：移动端布局
——分类布局

(4) 完成商品分类模块的 HTML 代码编写，代码如下：

```
<div class="category">
  <div class="category-item">
    <img src="./img/category/icon1.png" alt="">
    <span>水果蔬菜</span>
  </div>
  <div class="category-item">
    <img src="./img/category/icon2.png" alt="">
    <span>肉禽蛋类</span>
  </div>
  <div class="category-item">
    <img src="./img/category/icon3.png" alt="">
```

```
    <span>海鲜水产</span>
  </div>
  <div class="category-item">
    <img src="./img/category/icon4.png" alt="">
    <span>速食冷冻</span>
  </div>
  <div class="category-item">
    <img src="./img/category/icon5.png" alt="">
    <span>粮油米面</span>
  </div>
</div>
```

(5) 给商品分类模块添加对应的 CSS 样式，代码如下：

```
.category {
  margin-top: 5.3333vw;
  display: flex;
  justify-content: space-between;
  font-size: 3.2vw;
}
.category-item {
  display: flex;
  flex-direction: column;
  align-items: center;
}
.category-item img {
  margin-bottom: 2.1333vw;
}
```

(6) 刷新浏览器，商品分类模块效果如图 6-17 所示。

图 6-17　商品分类模块效果

5. 完成超划算模块的开发

(1) 完成超划算模块头部标题的 HTML 代码编写，代码如下：

```
<div class="cost">
  <div class="cost-header">
    <h1 class="title">超划算 <span class="label">冬日礼遇</span></h1>
    <a href="#" class="all">查看全部</a>
  </div>
</div>
```

(2) 给超划算模块头部设置 CSS 布局样式，代码如下：

```
.cost {
  background: #fff;
  padding: 4vw;
  margin-top: 5.3333vw;
```

微课：移动端布局——"超划算""吃好点""产地量贩"

```css
  border-radius: 2.6667vw;
}
.cost .cost-header {
  display: flex;
  align-items: center;
  justify-content: space-between;
}
```

(3) 设置后的效果如图 6-18 所示。

超划算 冬日礼遇　　　　　　　　　　　查看全部

图 6-18　超划算模块头部效果

(4) 给超划算模块头部设置文本样式，代码如下：

```css
.cost .title {
  font-size: 4vw;
  color: #333333;
  display: flex;
  align-items: center;
}
.cost .label {
  background: #EC9F09;
  color: #fff;
  font-size: 3.2vw;
  height: 3.4667vw;
  padding: 0.5333vw;
  border-radius: 0.5333vw;
  margin-left: 1.3333vw;
}
.cost .all {
  color: #40AE36;
  font-size: 3.2vw;
}
```

(5) 设置完成后效果如图 6-19 所示。

超划算 冬日礼遇　　　　　　　　　　　查看全部

图 6-19　超划算模块头部文本样式

(6) 完成超划算模块商品列表结构，先只写一个商品，完成布局后补充所有商品的 HTML 结构。代码如下：

```html
<div class="cost-list">
  <div class="cost-item">
    <img src="./img/product/img-10.png" alt="">
```

```
      <p class="desc">四川爱媛 38 号</p>
      <div class="price">
        <div class="price-item">￥39.9</div>
        <img src="./img/icon/cart.png" alt="">
      </div>
    </div>
</div>
```

(7) 完成超划算模块商品列表 CSS 样式，代码如下：

```
.cost .cost-item .desc {
  font-size: 3.2vw;
  color: #666666;
  margin-top: 1.3333vw;
}
.cost .cost-item .price {
  display: flex;
  justify-content: space-between;
  align-items: center;
  margin-top: 1.3333vw;
}
.cost .cost-item .price-item {
  color: #F55726;
  font-size: 4.2667vw;
}
```

(8) 超划算模块商品列表效果如图 6-20 所示。

图 6-20　超划算模块商品列表效果

(9) 添加其余商品信息 HTML 结构，代码如下：

```
<div class="cost-list">
  <div class="cost-item">
    <img src="./img/product/img-10.png" alt="">
    <p class="desc">四川爱媛 38 号</p>
    <div class="price">
      <div class="price-item">￥39.9</div>
      <img src="./img/icon/cart.png" alt="">
    </div>
  </div>
  <div class="cost-item">
    <img src="./img/product/img-11.png" alt="">
```

```html
    <p class="desc">山养黄牛腱子肉</p>
    <div class="price">
      <div class="price-item">¥39.9</div>
      <img src="./img/icon/cart.png" alt="">
    </div>
  </div>
  <div class="cost-item">
    <img src="./img/product/img-12.png" alt="">
    <p class="desc">有机水果卷心菜</p>
    <div class="price">
      <div class="price-item">¥38.8</div>
      <img src="./img/icon/cart.png" alt="">
    </div>
  </div>
</div>
```

(10) 给超划算模块商品列表添加弹性盒子属性，使商品横向排列，代码如下：

```css
.cost .cost-list {
  display: flex;
  justify-content: space-between;
}
```

(11) 完成后的超划算模块效果如图6-21所示。

图6-21 超划算模块效果

6．完成吃好点模块和产地量贩模块的开发

(1) 完成吃好点、产地量贩卡片的HTML结构编写，代码如下：

```html
<div class="card-list">
  <div class="card-item">
    <h2 class="card-title">吃好点</h2>
    <p class="card-desc">小木瓜尝鲜</p>
    <div class="card-media">
      <img src="./img/product/img.png" alt="">
      <img src="./img/product/img-2.png" alt="">
    </div>
  </div>
  <div class="card-item">
    <h2 class="card-title">产地量贩</h2>
    <p class="card-desc">核桃19.9元/箱</p>
    <div class="card-media">
```

```html
      <img src="./img/product/img-3.png" alt="">
      <img src="./img/product/img-4.png" alt="">
    </div>
  </div>
</div>
```

(2) 完成该模块 CSS 样式布局，代码如下：

```css
.card-list {
  display: flex;
  justify-content: space-between;
  align-items: center;
  margin-top: 2.6667vw;
}
.card-list .card-item {
  background: #fff;
  border-radius: 2.6667vw;
  padding: 2.6667vw 4vw 1.3333vw;
  width: 44vw;
  box-sizing: border-box;
}
.card-list .card-title {
  color: #333333;
  font-size: 4vw;
}
.card-list .card-desc {
  color: #999999;
  font-size: 3.2vw;
  margin-top: 1.3333vw;
}
.card-list .card-media {
  display: flex;
  justify-content: space-between;
}
```

(3) 完成后效果如图 6-22 所示。

图 6-22　吃好点、产地量贩卡片效果

7. 完成商品列表模块的开发

(1) 完成商品列表模块顶部分类的 HTML 结构编写，代码如下：

```html
<div class="products">
  <div class="product-category">
```

微课：移动端布局
——商品列表

```html
    <a href="#" class="product-category-item active">
      <h3>全部</h3>
      <span>猜你喜欢</span>
    </a>
    <a href="#" class="product-category-item">
      <h3>时令</h3>
      <span>当季优选</span>
    </a>
    <a href="#" class="product-category-item">
      <h3>进口</h3>
      <span>国际直采</span>
    </a>
    <a href="#" class="product-category-item">
      <h3>人气</h3>
      <span>大家在买</span>
    </a>
  </div>
</div>
```

（2）完成商品列表模块顶部分类的 CSS 样式，代码如下：

```css
.product-category {
  display: flex;
  justify-content: space-between;
  align-items: center;
  margin-top: 5.3333vw;
}
.product-category .product-category-item {
  display: flex;
  flex-direction: column;
  align-items: center;
}
.product-category .product-category-item h3 {
  margin-bottom: 1.3333vw;
  font-size: 15px;
  color: #333;
}
.product-category .product-category-item span {
  color: #999999;
  font-size: 12px;
}
```

（3）完成后效果如图 6-23 所示。

图 6-23　商品列表模块顶部分类效果

（4）单独给"全部"选项添加 active 类名，代码如下：

```html
<a href="#" class="product-category-item active">
  <h3>全部</h3>
```

```
    <span>猜你喜欢</span>
</a>
```

(5) 设置 active 类名的样式，代码如下：

```
.product-category .product-category-item.active h3 {
  color: #40AE36;
}
.product-category .product-category-item.active span {
  background: #40AE36;
  color: #ffffff;
  height: 4.2667vw;
  padding: 0 1.6vw;
  display: flex;
  justify-content: center;
  align-items: center;
  border-radius: 2.1333vw;
}
```

(6) 设置后的效果如图 6-24 所示。

图 6-24 "全部"选项样式

(7) 完成商品列表中，单个商品的 HTML 结构编写，代码如下：

```
<div class="product-list">
  <div class="product-list-col">
    <div class="product-item">
      <img src="./img/product/img-5.png" alt="">
      <h3 class="product-title">彩食鲜菠菜 270g/份</h3>
      <div class="tags">
        <div class="tag tag1">特价</div>
        <div class="tag tag2">24H 发货</div>
      </div>
      <div class="product-footer">
        <div class="product-price">
          ¥12.8<span>/份</span>
        </div>
        <div class="product-cart">
          <img src="./img/icon/cart.png" alt="">
        </div>
      </div>
    </div>
  </div>
</div>
```

(8) 设置商品列表为弹性容器，使内部两列左右排列，代码如下：

```
.product-list {
  display: flex;
```

```css
  justify-content: space-between;
  margin-top: 4vw;
}
```

(9) 设置商品列表中单独列的宽度，代码如下：

```css
.product-list-col {
  width: 44.5333vw;
}
```

(10) 设置单独商品样式，代码如下：

```css
.product-item {
  background: #fff;
  border-radius: 2.6667vw;
  padding: 0 4vw 4vw;
  box-sizing: border-box;
  margin-bottom: 2.6667vw;
}
.product-item .product-title {
  font-size: 3.4667vw;
  color: #333;
}
.product-price {
  font-size: 4.2667vw;
  color: #F55726;
}
.product-price span {
  font-size: 3.2vw;
  color: #999999;
}
.product-footer {
  display: flex;
  justify-content: space-between;
  align-items: center;
}
```

(11) 完成商品信息中标签 tag 的样式设置，代码如下：

```css
.product-item .tags {
  display: flex;
  align-items: center;
  margin: 1.3333vw 0;
}
.product-item .tag {
  font-size: 3.2vw;
  border: 0.2667vw solid;
  border-radius: 0.5333vw;
  padding: 0 0.5333vw;
  height: 3.4667vw;
  margin-right: 1.3333vw;
}
.product-item .tag1 {
```

```
  color: #F55726;
}
.product-item .tag2 {
  color: #40AE36;
}
```

（12）商品样式设置效果如图 6-25 所示。

（13）按照同样的方式，添加其他商品内容。

（14）在第二列中添加广告图模块，代码如下：

```
<div class="product-ad">
  <img src="./img/product/ad.png" alt="">
</div>
```

（15）给广告图模块添加样式，代码如下：

```
.product-ad {
  margin-bottom: 2.6667vw;
}
.product-ad img {
  width: 100%;
}
```

（16）设置完成后，效果如图 6-26 所示。

图 6-25　商品样式　　　　　　图 6-26　商品列表效果

8. 完成底部模块的开发

(1) 完成底部模块 tabbar 的 HTML 结构编写,代码如下:

微课:移动端布局
——底部 tabbar

```html
<div class="tabbar">
  <div class="tabbar-item active">
    <img src="./img/tabbar/index.png" alt="">
    <span>首页</span>
  </div>
  <div class="tabbar-item">
    <img src="./img/tabbar/category.png" alt="">
    <span>分类</span>
  </div>
  <div class="tabbar-item">
    <img src="./img/tabbar/cart.png" alt="">
    <span>购物车</span>
  </div>
  <div class="tabbar-item">
    <img src="./img/tabbar/profile.png" alt="">
    <span>我的</span>
  </div>
</div>
```

(2) 完成底部模块的样式开发,代码如下:

```css
.tabbar {
  display: flex;
  height: 16vw;
  background: #fff;
  color: #666666;
  position: fixed;
  left: 0;
  right: 0;
  bottom: 0;
  border-top: 0.2667vw solid #ececec;
}
.tabbar .tabbar-item {
  width: 25%;
  display: flex;
  flex-direction: column;
  align-items: center;
  padding: 2.6667vw 0;
  font-size: 3.2vw;
  justify-content: space-between;
}
.tabbar .tabbar-item.active {
  color: #40AE36;
}
```

(3) 开发后效果如图 6-27 所示。

图 6-27　底部模块效果

(4) 最终开发完成后，整体效果如图 6-28 所示。

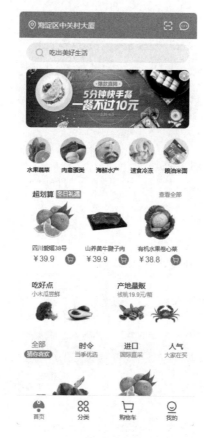

图 6-28　最终效果

【学生活动手册】

实操题

使用任务中学习的开发模式，完成购物车页面的搭建，所需要的图片从素材包中下载，效果如图 6-29 所示。

要求：

(1) 基于 vw 单位布局。

(2) 能够适配不同尺寸的设备。

微课：购物车——
topbar 的样式设置

微课：购物车——
购物车商品布局

微课：购物车——
商品列表布局

微课：购物车——
底部 tabbar 布局

图 6-29 购物车页面效果

选择题

1. 设备仿真模式的主要作用是(　　)。
   A. 测试网页的颜色和字体
   B. 模拟不同设备的屏幕大小和分辨率
   C. 评估网页的社交分享功能
   D. 分析网页的数据库性能

2. 设备仿真模式对于(　　)的测试特别有用。
   A. 音频和视频播放　　　　　　　B. 网页的外观和布局
   C. 网页的数据库性能　　　　　　D. 网页的社交分享功能

3. 通过设备仿真模式，开发人员可以模拟哪种设备上的网页响应性？
   A. 所有设备都一样　　　　　　　B. 只能模拟桌面设备
   C. 只能模拟移动设备　　　　　　D. 不同设备均可模拟

4. 用户代理字符串在设备仿真模式中的作用(　　)。
   A. 用于验证用户身份　　　　　　　B. 用于加密数据传输
   C. 用于识别浏览器和设备类型　　　D. 用于记录用户行为
5. 设备仿真模式有助于测试(　　)设备上的交互。
   A. 电视　　　　　　　　　　　　　B. 笔记本电脑
   C. 触摸屏　　　　　　　　　　　　D. 手表
6. 在 Chrome 浏览器的 DevTools 中，如何进入设备仿真模式？(　　)
   A. 按 Ctrl + Shift + I 组合键
   B. 右击页面上的任何元素，然后选择"检查"或 Inspect 命令
   C. 在 Chrome 菜单中选择"更多工具"命令，然后选择"开发者工具"命令
   D. 以上所有选项都正确
7. 设备仿真模式允许模拟(　　)。
   A. 颜色和字体　　　　　　　　　　B. 视口大小和分辨率
   C. 手机号码和地址　　　　　　　　D. 网络连接速度和稳定性
8. 在设备仿真模式中，(　　)配置视口大小和分辨率。
   A. 通过手动输入　　　　　　　　　B. 通过选择其中一个预设选项
   C. 通过拖动网页元素　　　　　　　D. 通过使用快捷键
9. 为了让网页按照所选设备的仿真参数进行呈现，建议在进入设备仿真模式后(　　)。
   A. 清除浏览器缓存　　　　　　　　B. 刷新网页
   C. 关闭浏览器　　　　　　　　　　D. 重启计算机
10. (　　)退出设备仿真模式。
    A. 卸载 Chrome 浏览器　　　　　　B. 单击设备仿真模式的图标
    C. 关闭所有浏览器标签　　　　　　D. 重启计算机

思 政 引 领

主题：数字化与社会公平

移动互联网的发展不仅改变了人们获取信息和交流的方式，也在很大程度上影响了社会结构和公平问题。特别是在中国，随着"互联网+"和"数字中国"等战略的深入实施，移动端网页开发在助力社会公平、缩小城乡数字鸿沟方面起到了很大的作用。

作为前端开发者，我们不仅需要关注移动端网页的用户体验和设计，更应该思考如何通过自己的专业技能来推动社会公平。这涉及到如何使用移动端开发技术服务于社区，特别是那些在数字化进程中可能被边缘化的群体。

讨论或思考题

(1) 移动端网页开发在促进社会公平方面有哪些可能性？
(2) 如何通过移动端网页解决或减缓城乡、区域之间的数字鸿沟？
(3) 在进行移动端网页开发时，如何更好地体现社会主义核心价值观？

学 习 笔 记

任务 6　移动端网页开发				
学号		姓名	班级	
重要知识点记录				
任务 6.1			自评	
任务 6.2			自评	
实战任务总结(结果分析)				
任务 6.1				
任务 6.2				
在本次项目训练中遇到的问题				
本次项目训练评分				
知识点掌握(20%)	实战完成情况及总结(30%)	活动实施(30%)	解决问题情况(10%)	自评(10%)	综合成绩

扩展
前端开发知识延伸

知识点 1　Web 网页优化的基本原则

当优化 Web 网页布局时，遵循以下专业的结构和原则是至关重要的，以确保页面性能和用户体验的最佳化。

1．响应式设计与移动优先

优化 Web 布局的第一步是确保页面在各种设备上都能提供出色的用户体验。使用响应式设计原则，创建适应不同屏幕尺寸的布局。

使用媒体查询：根据不同屏幕尺寸应用不同的样式。

移动优先策略：首先考虑移动设备，然后逐渐扩展到较大屏幕。

2．最小化 HTTP 请求

减少页面加载时间的一个关键方面是减少 HTTP 请求。确保网页布局在资源数量和大小上都进行了优化。

合并文件：将多个 CSS 文件和 JavaScript 文件合并为一个，减少请求次数。

使用雪碧图：将多个小图标合并为一个图像，减少图片请求。

3．优化图片

图片的加载时间在网页加载时间中占据重要地位，优化它们的大小和格式能够显著提高网页性能。

选择正确的格式：使用 WebP、JPEG 2000 等现代格式，以更高的压缩率显示高质量图片。

压缩图片：使用工具(如 ImageOptim、TinyPNG)来减小图片文件的大小。

4．延迟加载

通过延迟加载非关键内容，可以使页面更快地呈现给用户。

懒加载：仅在用户滚动到视图中时加载可见内容。

避免闪烁：使用透明占位符或正确的高度来避免懒加载导致的内容闪烁。

5．代码压缩与缓存

确保代码尽可能少并压缩，以减少传输时间和加载时间。

压缩 CSS 和 JavaScript：使用工具(如 UglifyJS、cssnano)来压缩代码。

使用浏览器缓存：通过设置适当的缓存头，使重复访问的资源可以从缓存中加载。

6．语义化 HTML 和无障碍性

创建结构良好的 HTML 代码有助于搜索引擎优化(SEO)和提高可访问性。

使用语义化标签：使用正确的 HTML 标签来描述内容结构。

ARIA 标签：为无障碍用户添加适当的 ARIA 标签，以提高可访问性。

7．浏览器兼容性与性能测试

测试和验证网页布局在各种浏览器和设备上的表现，以确保跨浏览器兼容性。

使用浏览器开发者工具：检查页面性能、网络请求和布局。

性能测试工具：使用工具(如 PageSpeed Insights、Lighthouse)来获取性能分析和优化建议。

8．使用现代布局技术

使用弹性布局和网格布局等现代布局技术，以简化复杂布局的创建。

弹性布局：为一维布局(如导航栏、项目列表)提供强大的布局能力。

网格布局：用于二维布局，适用于创建复杂的网格结构。

通过遵循这些专业的原则，可以创建出色的 Web 网页布局，同时提供卓越的用户体验和性能。

知识点 2　样式合并与压缩

在网站开发中，优化性能是至关重要的。其中一个关键方面是减小页面加载时间，而合并和压缩 CSS 样式表是实现这一目标的重要步骤之一。

在合并和压缩 CSS 之前，第一步是收集和整理所有的 CSS 文件。这包括网站开发中所有样式表文件，包括主样式表、插件样式表以及任何自定义样式表。

为了合并所有样式，可以创建一个新的 CSS 文件，以便将所有样式都汇总到一个文件中。命名这个文件，例如 styles.css。

确保每个 CSS 文件都是简洁的，没有不必要的注释和空格。删除任何不需要的样式，并确保文件的结构有序。

第二步是使用工具合并 CSS 文件。有几种工具可以帮助合并 CSS 文件，其中一种常用的工具是 cat 命令(适用于 Linux 和 Mac)或 copy 命令(适用于 Windows)。使用这些命令可以将多个 CSS 文件合并成一个。

(1) 使用 cat 命令(Linux 和 Mac)

在终端中，使用以下命令将多个 CSS 文件合并到一个新文件中：

```
cat file1.css file2.css file3.css > styles.css
```

这将把 file1.css、file2.css 和 file3.css 的内容合并到一个名为 styles.css 的文件中。

(2) 使用 copy 命令(Windows)

在命令提示符中，使用以下命令将多个 CSS 文件合并到一个新文件中：

```
copy /b file1.css+file2.css+file3.css styles.css
```

这将把 file1.css、file2.css 和 file3.css 的内容合并到一个名为 styles.css 的文件中。

第三步是压缩 CSS 文件。合并 CSS 文件后，接下来是压缩它们，以减小文件大小。这将有助于减少页面加载时间。以下是常用的压缩 CSS 文件的方法。

(1) 使用在线工具

有许多在线 CSS 压缩工具可供使用。只需将合并后的 CSS 文件复制并粘贴到这些工具中，然后它们将自动压缩文件。一些常用的在线 CSS 压缩工具如下。

◎ CSS Minifier

◎ Minify CSS

(2) 使用构建工具

如果正在使用构建工具，如 Webpack 或 Gulp，那么可以使用相关插件来自动压缩 CSS 文件。这种方法更适合大型项目。

第四步是更新 HTML 文件。一旦合并和压缩了 CSS 文件，就需要确保 HTML 文件引用了新的合并后的 CSS 文件。查找并更新 HTML 文件中的 CSS 文件链接，确保它们指向新的 styles.css 文件。

通过合并和压缩 CSS 样式表，可以显著减小网站的加载时间，提供更好的用户体验。这个过程可能需要一些时间和调整，但它将对网站性能产生积极影响。

知识点 3　兼容性解决方案

渐进增强(progressive enhancement)：一开始针对低版本浏览器进行构建页面，完成基本的功能，针对高级浏览器开发更美观的布局效果、更流畅的动画交互和一些追加功能，以达到更好的用户体验。

优雅降级(graceful degradation)：一开始就构建站点的完整功能，然后针对浏览器测试和修复。比如一开始使用 CSS 3 的特性构建一个应用，然后逐步针对各大浏览器进行测试和修复，使其可以在低版本浏览器上正常浏览。

其实渐进增强和优雅降级并非新概念，只是旧的概念换了一个新的说法。在传统软件开发中，经常会提到向上兼容和向下兼容的概念。渐进增强相当于向上兼容，而优雅降级相当于向下兼容。向下兼容指的是高版本支持低版本或者说后期开发的版本支持和兼容早期开发的版本。向上兼容的很少，大多数软件都是向下兼容的，比如说使用 Office2010 能打开使用 Office2007、Office2006、Office2005、Office2003 等建的 word 文件，但是使用 Office2003 不能打开始用 Office2007、Office2010 等建的 word 文件。

优雅降级和渐进增强只是看待同种事物的两种观点。优雅降级和渐进增强都关注于同一网站在不同设备中不同浏览器下的表现程度。关键的区别在于它们各自关注于何处，以及这种关注如何影响工作的流程。

优雅降级观点认为应该针对那些最高级、最完善的浏览器来设计网站。而将那些被认为"过时"或有功能缺失的浏览器下的测试工作安排在开发周期的最后阶段，并把测试对象限定为主流浏览器(如 IE、Mozilla 等)的前一个版本。在这种设计范例下，旧版的浏览器被认为仅能提供"简陋却无妨(poor, but passable)"的浏览体验。可以做一些小的调整来适应某个特定的浏览器。但由于这些小调整并非我们所关注的焦点，因此除了修复较大的错误之外，其他的差异将被直接忽略。

渐进增强是 Web 设计领域中运用的策略。其核心宗旨在于优先确保核心网页内容的无障碍访问性；其后针对不同的浏览器和设备功能，逐步叠加较为高级的功能与样式，旨在保障所有用户能够获取基础内容与功能；对于那些能够支持更尖端技术的浏览器与设备，则提供更加丰富的用户体验。

按照渐进增强的逻辑，其基本实施流程如下。

(1) 基于基础的 HTML 架构建设，确保所有浏览器都能够访问到最基本的内容。

(2) 通过 CSS 技术提升页面的美观度与布局，保障在旧版本的浏览器上仍具有可访问性。

(3) 利用 JavaScript 增加页面的交互性，同时确保在禁用 JavaScript 的浏览器中也能保证必要功能的访问。

(4) 按需使用高级 API 和技术增进用户体验，且需确保在无法支持这些高级技术的浏览器上，基本功能仍可使用。

渐进增强策略的优势在于其确保了所有用户均可访问到网页的基础内容与功能，对于能够支持高级技术设备的用户，则提供了升级版的体验。此策略同样有利于提升网站的搜索引擎优化(SEO)表现，因为搜索引擎更易于爬取和编制索引基础内容。

在实际操作过程中，渐进增强协助开发者更深入地理解以及应对不同的设备、浏览器和网络环境之间的差异，由此开发出兼容性更高、可访问性更强的 Web 应用程序。

知识点 4　高效的开发设计协作平台

随着时代的发展，项目开发速度和质量的要求越来越高，一个好的开发流程及平台显得尤为重要。同时，随着 UI 设计师的工作更加精细，更适合修图的 Adobe PhotoShop 慢慢在 UI 设计行业中被 UI 设计师抛弃，取而代之的是更加方便的云端产品。MasterGo 是一款国内出现比较早的云端设计软件，它在设计领域的重要性体现在以下几个方面。

动画：MasterGo 的使用方法

协作性和实时性：MasterGo 允许多名设计师和团队成员在同一设计文件上协作工作，实时同步他们的更改。这种实时协作性质极大地提高了团队的生产效率，减少了设计版本的混乱。

云存储和跨平台：MasterGo 的设计文件存储在云端，可以随时从任何设备访问，无需复制或导出文件。这种云存储的方式使得团队成员可以轻松地在不同的操作系统和设备上协作。

原型制作：MasterGo 提供了原型制作功能，可以创建可交互的原型，用于演示和测试用户界面。这对于设计师来说是非常重要的，因为它可以帮助他们验证设计和用户体验的假设。

组件和样式管理：MasterGo 支持创建可重用的组件和样式，这对于保持设计的一致性非常重要。设计师可以轻松更新组件，同时应用这些更改到整个设计中。

设计系统支持：MasterGo 可以作为设计系统的中心，帮助团队建立和维护一致的设计规范和组件库。这有助于确保产品的一致性和可维护性。

开放的生态系统：MasterGo 提供了丰富的插件和集成，使得设计团队可以自定义他们的工作流程，并将 MasterGo 与其他工具集成，如开发工具、用户研究工具等。

反馈和评论：MasterGo 允许团队成员和利益相关者在设计文件上添加评论和反馈，从而促进更好的沟通和协作。

总的来说，MasterGo 在现代设计团队中扮演了关键的角色，它提供了工具和功能，有助于提高设计效率和质量，因此其在设计领域的重要性不断增加。无论是小型团队还是大型企业，MasterGo 都有助于更好地管理和推进项目设计。MasterGo 界面如图 7-1 所示。

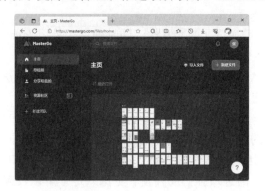

微课：MasterGO 的基本操作

图 7-1 MasterGo 界面

本书中所有的设计图素材，均可上传至 MasterGo 平台中。使用 MasterGo 的流程如下所示。

(1) 打开 MasterGo，单击右上角"免费注册"按钮，如图 7-2 所示。

图 7-2 MasterGo 首页

(2) 进入到注册页面后，选择合适的方式进行注册，可以选择的方式有：手机号、微信等，如图 7-3 所示。

(3) 注册完成后自动进入工作台，如图 7-4 所示。

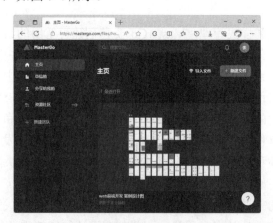

图 7-3 注册 MasterGo   图 7-4 注册成功界面

(4) 单击右上角"导入文件"按钮,打开"导入文件"对话框,如图 7-5 所示。
(5) 将素材中后缀名为.sketch 的文件拖拽至"导入文件"对话框中。如图 7-6 所示。

图 7-5 "导入文件"对话框

图 7-6 将文件导入

(6) 等待上传完成,如图 7-7 所示。
(7) 上传完成后,单击"打开文件"按钮进入设计图中。如图 7-8 所示。

图 7-7 文件导入中效果

图 7-8 文件导入结束

(8) 进入设计图后,界面如图 7-9 所示。

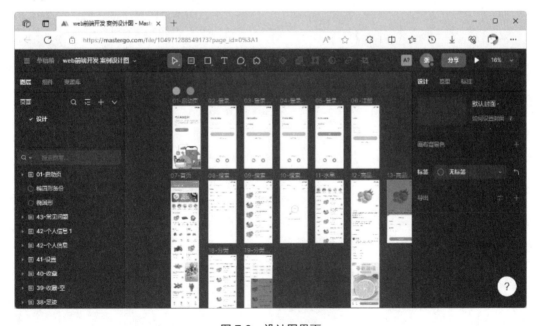

图 7-9 设计图界面

(9) 选择右上角设计、原型、标注中的"标注"选项,进入前端开发的标注模式,即可查看设计图中的尺寸,如图 7-10 所示。

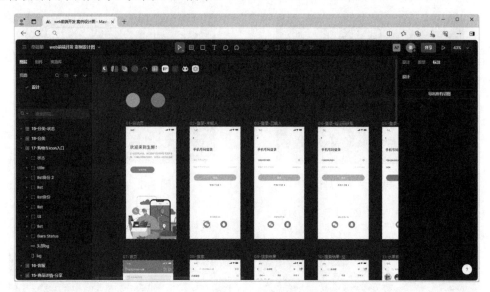

图 7-10　标注模式